犬が殺される

動物実験の闇を探る

増補改訂版

森映子 著（時事通信文化特信部記者）

同時代社

増補改訂版出版にあたり

『犬が殺される』出版から早や一年半以上経ちました。動物実験という重く、議論を呼ぶテーマだけに、どのような反応があるのか非常に不安がありましたが、拙著を読んだ多くの方々から「現状を知って驚き問題意識を持った」など共感の声を聞きました。優れた書評も数多く頂きました。

その後も私は取材を続け、この増補版では新たな事実を盛り込みました。まず第一章「獣医大学の実習」で明らかになった、実験動物を使う解剖や手術などの生体実習です。動物福祉を重視する国際潮流の中で、犬を使うことを止めた大学が一部に出てきました。一方で、マウス、ラット、ウサギ、カエル、牛、鶏などは今も数多く使われており、学生が麻酔に失敗して動物が苦しんだり、手術後のケアも不十分だったりする実態、それに対する大学側の反応を報告しました。

第八章「抗う業界と議員」では、日本の動物実験には届け出制すらないことを問題提起しましたが、増補版では二〇一九年六月に成立した動物愛護管理法の改正までの舞台裏を加えました。

今回の改正でも、再び動物実験に関係する業界の強硬な反対とその意を汲む議員によって規制導入が阻まれた経緯を説明しています。

さらに新たな話として、国のプロジェクトで繁殖され、大学などに供給されている実験用ニホンザルのことを書きました。実験用の需要が見込みより減り、余剰になった約二〇〇匹の扱いを今後どうするのか――。取材の制限も多い中、現時点で分かったことをつづりました。これら新たな事実を含め、読んで頂ければ幸いです。

二〇二〇年九月

森映子

＊なお増補改訂版の獣医大学の実習に関する内容は、現代ビジネス（講談社）に執筆した記事（「獣医大の驚くべき実態、学生たちの苦悩」二〇二〇年三月一二日）を加筆修正したものです。

はじめに

二〇一八年秋。北海道内のドッグランで一〇歳のビーグル犬が生き生きと走っていた。この雌犬の名は「しょうゆ」。人間の年齢に換算すると五〇～六〇代ぐらいだが、しょうゆは子犬のようにはしゃぎ、飼い主に甘えている。それもそのはず、元実験犬の彼女にとって、家族も自由も生まれて初めて手にしたのだから——。

しょうゆは同年、獣医大学で麻酔の練習など実習に使われた後、高齢になって動物実験に使われる予定だったところを、しょうゆの世話係だった女子学生の強い希望で、家庭犬として譲渡された。実験動物は通常は実験に使われ続けた挙句、最後は「安楽死」処分されるのが一般的で、大学が実験犬の譲渡を正式に発表したことは極めて画期的な事だった。

しょうゆとの出会いからさかのぼること六年、私が動物実験に初めて問題意識を持ったのは一二年だった。欧州連合（ＥＵ）で化粧品の動物実験が全面禁止になる前の年で、日本の化粧品業界の動向が注目されていた。私は自分が毎日使っている化粧品の安全性試験のために、ウサギの目に化学物質を垂らし続けて損傷の程度をみるなど残酷な実験が行われているという事実を知り、ショックを受けた。

私が動物実験を取材し始めた動機は、猫を飼っていることが大きい。夫と雌猫三匹と暮らし、自宅には黒やこげ茶が混ざったさび猫の「リラ」(八歳)、三毛猫の「チョコ」(七歳)、茶トラの「クルミ」(四歳)がいる。三匹は年齢も育った土地も違い、皆飼い主のいない猫の保護活動をしているボランティアさんから譲り受けた。子どもがいない私にとって、三匹は娘のように愛しい存在だ。甘えん坊の娘たちと一緒に過ごしていると、そのずば抜けた運動神経と感覚に驚かされる。冷蔵庫や棚の上など高い所にやすやすと飛び乗り、人間では気づかない小さな音を聞き分け、どんな微妙な臭いもかぎ分ける。

感情も豊かで、それぞれ性格も全く違う。リラは複雑な模様の毛そのままに性格も個性的。風呂の湯を飲むのが大好きで、毎朝毎晩「お湯を飲ませて～」とミャー、ミャー要求してくる。使用後の湯はさすがに清潔とは言えないため、新しい湯をたらいにいれて、手ですくっては飲ませる。するとリラは「ペチャペチャ……」とまるで熱燗のように味わって飲むのだ。色白美人のチョコはおしゃべりで、私に「ナー、ナー」と話しかけてくる。お気に入りの小さなフクロウのぬいぐるみを口にくわえ「ウォー、ウォー」と叫びながら運んできてプレゼントしてくれる。末っ子のクルミは無邪気で、元気いっぱい。キャットウオークやキャットタワーでは物足りないのか、カーテンや網戸を一気によじ登るため、どこも穴だらけ。私が家にいる時は、いつも「遊んで!」と飛び付いてくる。自由気ままで、ゴロゴロ喉を鳴らしながら愛情を求めてくる猫たち。私は毎日、ふわふわした毛に顔をうずめ、ひだまりのような、ときにミルクのような甘い匂いをかいで癒されている。

愛猫との生活を通して、私は犬猫が毎年大量に殺処分されていることに心を痛め、野良猫に不妊去勢手術を施して世話したり、里親を探したりする地域猫活動、劣悪な環境で犬猫を繁殖、販売する問題などを追った。独ベルリンにある動物保護施設へ私費で取材に行ったこともある。

産業動物（家畜）にも目を向けた。近年、欧米ではぎゅうぎゅう詰めのニワトリに機械的に卵を産ませるバタリーケージ、母ブタを拘束する檻の廃止など、産業動物の福祉を重視する施策・実践が急速に進んでいる。私は動物愛護管理法で実験動物と同じく法規制から除外されている家畜の現状をなんとかしたいと、放牧など動物福祉（アニマルウエルフェア）に取り組む国内の生産者を取材した。

そして一二年。私は当時改正論議が続いていた動物愛護法で、動物実験施設に届け出制すらない現状を知って愕然とした。

動物実験は歴史的に、医薬品、医療機器、農薬、化学製品、健康食品、軍事兵器などの研究開発、安全性確認、毒性の評価などあらゆる分野に及び、人類に成果と負の面を含め多大な影響を及ぼしてきた。私もその恩恵を受けて健康で便利な生活を送っている。しかし、犠牲になる実験動物はどのような環境で飼育されているのか。麻酔、鎮痛など痛みを和らげる処置は受けているのか。安楽死は適切に行われているのか。その動物実験は必要不可欠なのか。代替法開発はどうなっているのか――。

こうした疑問を抱いた私は、取材拒否に直面しつつ、暗闇の中で細い糸をたぐり寄せながら取材を行った――。

なお本書の一部内容については、「厚生福祉」（時事通信社発行）に著者が執筆した以下の記事を加筆修正したものが含まれる。

二〇一七年三月一七日「特集　細胞、データで安全性評価――化学物質、医薬品」

二〇一八年一月五日「特集　獣医大の参加型臨床実習始まる」

同年一月二三日「特集　農薬毒性チェック、犬の一年試験廃止へ」

同年三月二七日「特集　ヒト動物キメラ研究、指針改定へ」

同年六月一九日「特集　獣医大・医大の動物実験施設の取り組み」

同年一〇月二三日「化粧品会社が動物実験施設無届け」

同年一一月九日「特集　動物福祉と臨床実習を両立――山口大」

同年九月二一日「特集　実験犬がペットに」

また本書に登場する人物の所属、役職名、調査の数字などは原則として取材時点のものである。

増補改訂版　犬が殺される――動物実験の闇を探る／目　次

第一章　獣医大学の実習

外科実習で犬を五日使い続け……

動物実験は古代ギリシャの時代までさかのぼり、生体の内部構造や機能を観察するために動物を生きたまま切り開く生体解剖から始まった。以降、ローマ帝国、中世を経て解剖学、生理学などが発達した。一方で麻酔もなく、道具のように実験台にされる残酷な動物実験に対する批判も起こり、一九世紀半ばには、科学界と動物実験に反対する市民運動の対立が激しくなった。

強く非難された一つが獣医学校での無麻酔の実習だった。英国の動物虐待防止協会（一八二四年設立。現在の王立動物虐待防止協会「ＲＳＰＣＡ」の前身）は一八六一年、皇帝ナポレオン三世に対し、フランスの獣医学校が馬の外科実習で麻酔をせずに一日何十回も手術をしていたことに抗議した。

このように健康な動物を学生の練習台に使うことについては、約一六〇年前から問題視されてきたわけだが、ここ一〇数年のうちに欧米で特に犬をはじめとする致死的な手術実習をやめ、病気の犬猫、患畜（病気の産業動物）などを診る臨床実習を重視する方向に変わりつつある。こうした動きは日本の獣医大学にもじわじわと影響を与え、犬の手術実習を廃止する大学も出てきた。その一方で、取り組みが遅れていたり、犬以外の動物の利用は続けたりと課題は残っている。

獣医大では昔から、生理学、解剖学、外科学などの実習として、犬、牛、ニワトリ、ウサギ、マウス、カエルなどさまざまな動物を使って手技、臓器の位置や動きなどを学ぶ授業が行われてきた。

実習用の犬は二〇〇〇年代初めまでは保健所に収容されていた犬を使っていた。しかし市民団体による反対運動で廃止されて以降は、業者から実験用に繁殖されたものを購入、譲渡されて使っている。関係者は「製薬企業などが買うビーグル犬は子犬中心。獣医大は売れ残って四歳ぐらいになった犬を購入し、実習に使った後、ある程度年齢がいくと外科手術の実習や研究用の実験に使って安楽死処分するのが一般的」と話す。

現在、獣医学部の外科・内科実習は一般的に健康な犬に脾臓や肺の切除などの開腹・開胸手術を施すため、一日で全手術を終わり、そのまま安楽死させる、あるいは開腹手術をした後、傷の治療のために二週間程度おいてから開胸し、そのまま当日安楽死させている場合もある。

ただし二〇年ぐらい前までは、開腹手術と開胸手術の間は一週間程度だった。中でも驚愕したのは、日本獣医生命科学大学（東京都武蔵野市）で四年前まで開腹・開胸手術を伴う実習で同じ犬を五日間使っていた、という話だった。

この実習は、一日目に避妊または去勢手術、二日目に脾臓の摘出、三日目に（腸管をつなぐ）腸管

ある獣医大の実験犬。後ろ足に何らかの処置がされている。

吻合、四日目に骨盤から大たい骨を外す（股関節形成不全などを想定）、五日目に肺の切除、というもの。実習は、実験用ビーグル犬に開腹手術をし、麻酔から覚醒させたら再び麻酔をかけて体を切る、という方法を毎日繰り返し、「犬は痛がってキューンキューン鳴き叫んでいた」（卒業生）。しかも最初の何日かは水こそ与えるが、五日間絶食である。ある学生は「実習に影響が出るから（水もえさも）やるな」と言われた。七、八人の班に犬一匹という具合で、学年全体で毎年一〇匹余りを使っていた。術後、犬はケージに戻され、実験室の片隅に置かれた。「大学院生らが犬の世話をしていた。教員が付きっきりで疼痛管理をしているようには見えなかった」。

このやり方に疑問を抱いた学生が外部の組織に訴えたことを機に、翌年は業者から仕入れた犬の死がいを使って行われた。しかし、一部の学生の親から

「生きた犬の実習を再開するよう」求める声が上がり、翌年からは再び生きた犬を一日使い、そのまま安楽死させる形式になった。

内臓の摘出、骨折など侵襲性の高い外科手術を同じ犬で五日に分けてやることが、確認しただけでも三〇年以上続いていたことについて、動物実験に詳しい獣医師は「恐ろしい。通常の不妊手術でも開腹するので、雌犬は術後数日間は非常に痛がる。毎日開腹して縫って、また腹を切ることを繰り返すとは残酷極まりない。動物愛護管理法にも違反する行為ではないか」と憤った。

さらに驚いたのは、同大の一部の学生からは「以前のように五日間かけてじっくり練習したい」と今でも不満が出ているというのだ。犬を五日間切り貼りすることについて疑問を持つどころか、手技のことしか頭にない学生がいるという現実。獣医大では動物福祉の講義が必修になっているが、いったい何を学んでいるのだろうか。動物病院や農家にいる病気の動物を診て学ぶ臨床実習が充実していないのだろうか。

実習について、複数の卒業生が生々しい話を打ち明けてくれた。「『情が移ってはいけない』と犬に名前は付けられず、皆番号で呼ばれます。実習前に痛みの軽減や安楽死についての講義はなかった。学生たちも笑いながらやっていて、動物福祉や命の尊厳に対する意識が非常に薄いと感じた。ある女子学生は『今度生まれてくる時は、実験犬で生まれてこないでね、ははは……』と薄ら笑いしていた」「実習の手術中に犬が鳴いても、教員からは『かわいそうと思うな、感情移入するな』と言われました。だから当時私は『実験動物だから仕方ない』と思い込んで実習をこなしていました」。

犬の扱い方も非人道的だと感じた。「犬は一匹ずつ小さなケージに入れっぱなしで、めったに洗ってもらえず、糞尿は垂れ流し。ゴキブリが大量にいるという話も聞いた。犬が実習や実験のために教室に連れてこられると、通った後にうんちのような臭いがぷーんとするのですぐ分かりました」。

実習のために教室に連れてこられた犬は、ケージの中に二～三匹ずつ入れられ、待機させられる。「怯えている犬は多かった。朝と夕方の掃除、えさやり以外に相手をしてもらえないため、学生がかまうと、ものすごく喜んで暴れる犬は多い。そんな犬は、ほとんどの学生が力づくで抑えて体温や心拍数などを測っています。私は犬を押さえつけるのが嫌だったので、いったん落ち着かせて犬のストレスを発散させてやろうと、室内で自由に歩かせていたら、指導係の学生から『ちゃんと押さえていて』と注意されました」。

実験動物の酷い扱い方は犬にとどまらない。

牛の妊娠状態をみる直腸検査の実習は、農家からきた廃用牛を使うが、扱い方に疑問を持つ卒業生もいた。「実験用の牛は、（首を固定させる）スタンチョンで繋ぎ飼いされており、実習当日に無理矢理連れ出す。尻に手を突っ込んで卵巣を触ってみたり、口の中に棒を突っ込んで胃の中の内容物を採取する練習をする。「鎮静薬を打ち、牛が暴れないよう鼻輪を付けるが、嫌がって体を動かすので鼻が血だらけになります。お尻も動かすのでこちらも血が流れ、すさまじい状態。五〇人の学生に対し牛は四頭だけで、一頭に付き一〇人が繰り返しいじるから牛が嫌がるのは当然です」。もう少し牛の数を増やせばいいと思うのだが、「コストがかかるので、増やそうとはしない。しかも廃牛なので扱いは、犬よりさらに酷い」。

別の卒業生は辛そうに振り返った。「今でも、犬を五日間使った実習をはじめ、ウサギなど健康な動物を使った実習がどこまで必要だったのかどうか疑問を持っています。実習に問題意識を持つ同級生はいましたが、『反対したら大学にはいられなくなる。仕方がない』とあきらめていた。当時を思い出すと胸がふさぐ思い。大学は『年に一回動物の慰霊祭をやっている』と言いますが、平日の昼時に希望者が集まって、各学年の代表が動物への感謝を述べて花をたむけるだけ。動物の命と向き合う獣医師を目指す学生の教育として適切とは思えません」。

五日間連続の実習について、同大に一七年八月、対面での取材を申し込んだところ、河上栄一獣医学部長名の書面で回答があった。それによると、「ご指摘の通り、四年前までは実施していました。しかし、外科学実習での生体の使用に関して、獣医学科の会議で協議した結果、生体へのストレスを考慮して、現在は一日のみ生体を使用することに変更いたしました」と事実関係を認めた。

実験犬の保定（暴れないように抱きかかえること）の仕方に関しては、「無理矢理押さえつけて採血はしていません。保定を嫌がる犬は、採血の実習に使用しないようにしています。さらに実習に先立ち、教員が全頭にメデトミジン投与による鎮静・鎮痛処置を行っています」と回答。

牛の直腸検査については、「直腸へ手を挿入させる前に、市販の合成樹脂製の直腸検査練習用の雌牛の生殖器の模型と、解体場から購入した生殖器を用いて十分なトレーニングを実施しています」とした。「牛一頭につき大勢の学生が使うため、牛に大きなストレスを与えていませんか」との問いには、「牛の採血などの実習の際には、枠場内に牛を入れ、キシラジン投与による鎮静・鎮痛処置を事前に行い、教員指導の下で実施しています」とだけ答えた。

「犬を救うために」入学したが……

このような侵襲的実習に疑問を持ちながらも声を上げられない学生は多い。そんな中でも、「動物を救うために獣医大に入ったので、むやみに動物を犠牲にする実習はしたくない」と犬の実習を拒否した学生がいた。

「初めから実習を拒んでいたわけではないんです。入学当初は『動物のプロになるんだから、実習はクールにこなしてやるぞ』という思いでいました」と語るのは、北里大獣医畜産学部（当時、青森県十和田市）を〇六年に卒業した太田快作さん。太田さんは現在、東京都内で動物病院の院長として働く傍ら、保護犬猫の不妊去勢手術にも力を入れている。

そんな太田さんが実習に疑問を持ち始めたのは、他大学の学生から『海外では模型、シミュレーターなど代替法、シェルターの動物などを使った実習を始めているそうだよ』と聞いたことがきっかけだった。「目からうろこが落ちる思い。動物を使わないで済むならそのほうがいいに決まってる。しかも欧米は獣医学のレベルが高い。悔しいじゃないですか。日本でも代替法を広めたいと思いました」。太田さんはさっそく仲間と一緒に実験動物福祉を広めるサークルで、学内で飼育されている実験動物の環境改善を求めたりした。実習などにおける代替法を促進する国際ネットワーク「InterNICHE」から動物の模型などをレンタルして、学内で展示会も開いた。

ただし、すべての動物の実習を拒んだわけではない。「犬の代替法を考えるのに精いっぱいで、マウス、ハムスターなどの代替手段を準備することができなかった」。太田さんは当時、捨て犬などを保護して新しい飼い主を探す「犬部」というサークル活動もしていた。当時は保健所から来た犬を外科実習に使っており、「犬を救うために獣医大に入ったから自分は殺せなかった」。指導教授はいろいろ配慮してくれ、外科実習は欠席した。その代わり、大学の動物病院で外科手術を見学し、レポートにまとめて提出。民間の動物保護施設で、猫の不妊去勢手術をする際に獣医師を手伝い技術を学んだ。

実験動物の環境改善は思うようにはできなかった。保健所の収容犬猫の実験施設への譲渡は、ピーク時の一九八〇年代には全国で年間八万匹近くあり、二〇〇六年ごろまで続けられていた。北里大がある青森県は〇四年に廃止している。「当時は、豚舎だった小屋にケージを重ねて実験犬を入れていました。ケージに入れっぱなしで糞尿は垂れ流し。エアコンもなく、夏は蒸し暑く、冬は犬が凍死したり、子犬がたまに産まれて死んでいたり酷かった。全部で一〇〇匹ぐらいいて、僕は犬を散歩に連れていきたいと大学に申し入れたが、許可は出なかった。犬を実験の道具としてしか見ていないように感じました」。

犬以外の実習も残酷で無意味に感じた。「ウサギは押さえつけて背中の毛を全部剃り、アレルギーの原因となる物質を投与して皮膚の反応をみました。二週間も続いた。人間ってここまで酷いことをするんだ、と思い知らされました」。ラットの実験では、動物の殺傷、殺鼠剤などに使われる猛毒のストリキニーネを注射した。「五分後にぶるぶる全身けいれんをおこして死んでしまう。学生二人に一匹があてがわれ、苦しむ様子を観察して、『〇分後にけいれんが始まる』『〇分後に心停止』とか記録した」。ハムスターは心臓に針を刺して血を抜く練習をした。ちなみにストリキニーネで殺すことは、実験動物が被る苦痛度の国際的な分類「ＳＣＡＷ」ではＡからＥの五段階評価で、「得られる結果が重要なものであっても決して行ってはならない」とされるＥに当たる。さらに一九八〇年に作成された環境省の実験動物の飼養保管基準でも禁止されていた。

牛の放血殺も見た。「当時は麻酔薬は使わず、放血死による処分。成牛は暴れるから、鎮静剤だけ投与して、首の頸動脈を切って、どばっと血が出て死にました。子牛は鎮静剤も打たずに放血死させた」。

太田さんは動物実験を否定しているわけではない。「すべて無意味とは思っていない。人体実験が許されない以上、医科学の発展のために動物でやるしかない実験もあるだろう。ただし、学生の実習では代替手段があるのに、健康な動物をあえて使う必要はあるのでしょうか。実習に動物の命を犠牲にするほどの意味はない、今はそんな時代ではないと思います。『動物を使った実習は教育として必要だ』と言う教員は多いが、生体を使う実習という形式を残すためにやっているように感じる。僕以外にも、動物の命を救うために獣医大に入ったけれど、実習にショックを受けて退学したり、転部したりする学生もいた。そういう人こそ獣医師になってもらいたいのに」と悔しさをにじませた。

このような太田さんが経験したウサギ、ラット、ハムスターを使った実習について北里大に確認したところ、「薬理学や免疫学担当の教授が定年退職しているため、過去にこれらの実験が行われていたか定かではありませんが、少なくとも二〇一〇年からは行われていません」（高井伸二獣医学部長）と回答。保健所からの犬の使用については「払い下げ犬を使用していた時代の教員が定年退職しているため、正確な時期は分かりませんが、二五年ほど前（一九九二年ごろ）だと思われます」としたが、青森県が研究施設への譲渡を廃止したのは二〇〇四年なので、双方の主張に一二年もの隔たりがある。

数年前に同大を卒業した獣医師のAさんも侵襲的な動物の実習に疑問を持っていた一人。Aさんは幼い頃から動物が大好きで獣医師を目指し、高校生の時から猫の保護団体の手伝いもしていた。それだけに、入学後に生体を使った実習のカリキュラムを見て「え、こんなことをするのか」とショックを受けた。

主任の教員に「病気の動物を治す仕事に就きたいのに、命を奪う実習に参加したくない」と訴えた。模型などを使う代替手段を提案したが、「『実習は避けられない、やらないと単位はあげられないよ』などと許可されませんでした」。仕方なく、犬の外科実習に出たが、「命を奪うことに手が震えました」。解剖実習では犬や羊の死がいを使い、病気の牛とニワトリは安楽死させてから解剖した。「残酷だな」と記憶に残っているのはカエルの実習だった。「最初にトノサマガエルの首を切ってから、体に電流を通して手足などが動くか反応を見る生理学の実習でした。かわいそうだった。さらに許せなかったのは、実習に使わなかったカエルについて、教員が『もっと実験できるよ』と学生に声をかけたこと。余ったからって安易にまた頭を落とすのかと思うと、怒りがこみ上げてきました」。

臨床実習に関しては「動物病院で教員が飼い主のペットを診察するのをそばで見ているだけでした。エコー（超音波）検査もモニター画像を見るだけ。爪切りさえさせてもらえなかった。外科手術も立ち会うのではなく、外部から映像を眺めるだけで何が行われているかさっぱり分からない。外科・内科系の研究室に所属していた学生は手術に立ち会うことはできたようですが、私は別の研究室だったので入れてもらえませんでした」と物足りなさを感じた。Aさんは実践力を付けるために、「個人的に民間病院に泊まり込み、いろいろ現場で教えてもらいました」。

実験犬は学生で世話をした。「私が入学したころは、新しい飼育施設ができたばかりで清潔でした。犬の散歩は禁止されていたので、『小さなケージに入れっぱなしはかわいそうだ』と時々、学生が三〜四匹入れる大きめのケージに移していました」。

Aさんは「医学部の実習では人間に手術の練習はしないのに、獣医学部では動物を犠牲にしていい、という考え方には同意できない。解剖学、生理学など結果が分かっていることを確認するためだけに殺すのはどうなのか。模型も今はかなりリアルなものがあるので、それを使えば済むのでは。生体の実習は、保護犬猫の不妊去勢手術にとどめ、術後に回復する経過を学ぶほうが勉強になる。さらに、学生が手術した動物の里親探しまですれば教育にもなり、本人の達成感もあると思います。他の手技についてはシミュレーターで十分であり、臨床の獣医師に進みたい学生が病院で経験を積めばいい」と考えている。

他の学生も証言してくれた。「外科実習の前日に犬を実習室の犬舎に連れて行くのですが、飼育施設から外に出すとしっぽを振って大喜びするのです。翌日には手術されて殺されるのに……切ない。辛かったです」。実習は「入学した時から抵抗がありましたが、抗う強さもなく黙って参加しました。先生は『本番だと思ってやってください』と言ってましたが、たった一回、それも一班七~八人に一匹をあてがわれ、いろんな処置を少しずつ手分けしてやるだけ。そんな程度で手技が身に付くはずがない。生体は血も出るし、死と直面する。犬を犠牲にしてやったところで、将来に生かせるのか疑問です」と割り切れない思いを吐露した。

獣医学部の実験動物の飼育方法や実験のやり方に失望して辞めた人もいる。Bさんは国立の獣医大で「将来は野生動物を救う獣医師になりたい」という夢を持っていた。四年生から研究室に所属し、マウスを使った実験を始めたが、「雌雄分けずに同じケージに入れるから、繁殖してどんどん増えていくんです。ぎゅうぎゅう詰めで三〇~四〇匹はいたかな。学生が一週間に二回ケージの掃除をすることになっていましたが、『忙しい』という理由で週一回しか掃除もされず、床敷のチップが糞尿で黒くなっていて、虫がわいていた。ケージの中は足の踏み場もない状態だから、弱いマウスが他のマウスにかまれて体中にはげができたり、出血してかさぶただらけになっていた。胎児が頭をかじられて死んでいたこともありました」と衝撃的な話を打ち明けた。

「劣悪な環境の中で、ほとんどのマウスは何かしら病気を持っていたので、そんなマウスを使って実験しても意味はなかった」とBさん。「論文を出すために仮説を立てて、結果を決めてから実験をするのですが、生き物相手なので体温がぶれたり、中々思ったような結果が出ない。指導教員に相談すると、『ぴゅっと薬を多めに入れてしまえば（結果に合わせれば）いいよ』と助言された。たまりかねて教員にマウスの飼育環境や実験方法について、泣きながら抗議したことがありましたが、『人間だって無菌状態で生きているわけじゃない』などと訳の分からない言葉が返ってきただけでした」。

Bさんは「教員、同僚に不信感が募り、研究室の不誠実な雰囲気に失望していきました。ある学会で自分が論文発表している時、神妙な顔をして聞いている聴衆を前にして、『こんないい加減な実験に基づいた論文なのに』と急にばかばかしくなった」。その後、Bさんは獣医師にはならず、別の道に進んだ。

Bさんは動物実験には反対していない。「きちんとした実験に基づいた研究ならいい。でも私がいた研究室は科学的な実験はせずにマウスを無駄死にさせていた。許されないと思う」と批判する。文部科学省の研究機関に関する動物実験の基本指針では、動物を使う実習、実験はすべて実施前に使用予定の動物の種類、数、実験方法、鎮痛処置、安楽死のやり方などを記した動物実験計画を機関内の動物実験委員会に申請して審査を受け、承認を受けるよう定めている。しかしBさんは「実験計画を書いたことはないし、申請するように指導されたこともない」。当時問題になっていた新型の万能細胞「STAP細胞」の研究不正疑惑で論文を書いた小保方晴子・元理化学研究所研究員については、

Bさんの研究室でも話題に上り、「小保方さんのことを笑っている研究員がいましたが、私の周りでも実験ノートを書いていない先輩はいませんでしたよ」と苦笑した。

またマウスの実験では麻酔薬しか使わなかった。「鎮痛薬は使ったことがないし、使うように指導されたこともなかった。マウスの目の下から採血したことがあったが、鎮痛処置は何もしなかった。後から苦痛度がかなり高いことが分かりましたが……」。

一九八六年に北海道大獣医学部を卒業した獣医師も、実習は「辛い経験だった」と振り返る。当時の記憶を語ってくれた。

「保健所の払い下げ犬を実習に使っていた。犬はかつて飼われていたようで皆人懐こく、学生がえさやりや散歩をしていました。実習は犬を手術した後に一～二週間置き、さらに別の手術をして一～二週間開け、再び使ってました。不妊去勢手術をしたり、腸を切ってつなぎ合わせたり、膀胱を切って縫ったりしました。そうやって一ヵ月程度は生かしたと思います。最初は、しっぽを振り振りして元気だったのに、実習を重ねるたびにやせて元気がなくなり、ケージから出すだけで怖がってぶるぶる震えていたのを覚えています。かわいそうで泣きそうだったけれど、波風立てずに卒業したかったたので感情を押し殺しました。三〇年前の実習を今でも覚えているほどですから、精神的に大きな傷として残っているのでしょうね。当時の動物実験は本当に酷かった。他の学部でも、ウサギに麻酔をかけずにハンマーで足を打って骨折させる実験をしていたような時代でした……」

卒業後は米国の獣医師免許も取得し、米国の動物病院で働いた経験もある。「米国では獣医師の免許を取ったら、先輩のヘルプを必要としながらも一日目から獣医師として働き、ある程度の技量と実践力を持っている。これは大学在学中に実習だけでなく、学生が夏休みなどに現場で技術を学ぶプログラムが充実しているからではないでしょうか」。

麻酔せずに解剖

ここ数年だけでも、実験動物を麻酔せずに放血して殺して解剖に使っていたり、実験計画が申請されずに実験が行われていたり、ずさんで残酷な行為がいくつかの獣医大で起きていたことが明らかになっている。

二〇一四年一二月、北里大獣医学部の病牛の解剖で、麻酔薬を使わずに鎮静薬のキシラジンだけを投与され、血を抜いて殺処分されていた事が分かった。これは、NPO法人動物実験の廃止を求める会（JAVA、東京都）への内部告発から明らかになったもので、「獣医学部の教授が病理解剖で『牛を食べよう』と言い出し、准教授も同意した。牛は麻酔されずに放血殺させられ、苦しそうにうめきながら死んでいった。解剖中に肉も取られ、大学に訴えたが、何も変わらない」というものだった。同大は一五年一月にJAVAから調査を求められ、告発内容が事実だと認めた。

同大は一五年二月、ホームページで牛の無麻酔放血殺の「お詫び」として、「獣医学部においては、研究、教育いかなる場合においても、牛の無麻酔放血殺は廃止しています。しかし残念なことに、動物実験委員会において承認を受けた安楽死の手順を教員が守らず、キシラジンのみでの放血殺の事実が明らかになりました。これは動物に恐怖と精神的苦痛を与えることであり、極めて重大な規則違反で、動物福祉に反する行為です」などと発表した。ちなみに同大が牛の無麻酔放血殺を廃止したのは、「酪農学園大（北海道江別市）の牛の無麻酔放血殺が問題になった〇九年」としている。

同事件の後、安楽死についての改善措置については、「動物実験委員会のメンバーが病理解剖に立ち合い、鎮静薬と麻酔薬の投与量、投与経路が実験計画に沿っているかを確認します。死亡を確認後、麻酔責任者、執刀担当者と共に報告書を作成し、学部長に提出しています」としている。

実験計画出さず

一六年一月、文科省は酪農学園大獣医学群の四〇代の准教授が「数年前から遺伝子を組み換えた大腸菌の滅菌処理をしなかったり、自身が副委員長を務める動物実験委員会に牛の解剖に関する動物実験計画を提出していなかった」などとする内部通報を受け、同大に調査を促した。

遺伝子組み換え生物を使用した場合の拡散防止措置などを定めたカルタヘナ法の省令では、大腸菌は熱や薬品で滅菌処理することが求められている。しかし、滅菌処理を怠るケースはめずらしくなく、神戸大が一二年に文科省から厳重注意を受けた件などが明るみになっている。内部通報は「准教授が数年前から遺伝子組み換え大腸菌を滅菌処理せずに下水に流していた」などというもので、関係者によると、同大は一五年六月ごろには通報で事実を知ったが、速やかに文科省に報告することを怠っていた。

酪農学園大は、牛の解剖の実験計画について未提出を認めた。さらに准教授は解剖だけでなく、その牛を使った実験計画も未承認のまま研究を続けていたことも明らかになった。准教授は計画を出さなかった理由を「失念していた」と説明したという。

一六年四月、同大は准教授が「学長の承認を得ずに一二年四月〜一五年七月に動物実験と、一四年四月〜一五年七月に遺伝子組み換え実験を繰り返し実施していた」として、同教授に対して一六年四月から一年間の動物実験の停止と一ヵ月の減給処分を下した。文科省は、遺伝子組み換え実験で「容器に『大腸菌』と表示していない、保管の仕方が甘いなど拡散防止措置が十分に取られていなかった」などのカルタヘナ法違反、そして実験計画未申請の指針違反として、同大を厳重注意処分にした。組み換え生物の拡散事故が起きた場合はカルタヘナ法に基づき、直ちに応急措置を取り、速やかに文科省に届け出なければならない。ただし同大の組み換え大腸菌の遺棄について同省は「排水溝から大腸菌は検出されず、廃棄の目撃者がいないなど証拠はなかった」と結論付けた。

同大は再発防止策として、動物実験施設の第三者評価を行う公私立大学実験動物施設協議会（公私動協）に加盟することと、九人の学内の委員で構成する動物実験委員会に学外の委員を三人迎えることを決めた。外部から入れるのは「北海道内の大学教員ら動物実験関係者」という。

なお科研費の助成事業を担う日本学術振興会は、H准教授の実験について「不適切な研究活動」を理由に科研費の支払いと応募資格の無期限停止処分を下し、一六年七月に約二五〇万円の返還命令を出した。

麻酔せずに牛を放血死

牛の解剖をめぐっては、〇九年七月に酪農学園大が解剖用の牛を麻酔なしで放血死させていたことが明るみになっている。ＪＡＶＡに同大の学生複数から寄せられた内部告発があった。告発内容には「成牛に筋弛緩剤を頸動脈に打ち、牛が倒れたら『足結び係』が足を結び、『放血係』が首を刀で裂き、頸動脈を引きはがし、ハサミで切り込みを入れ、チューブを動脈内に差し込み、血をバケツに入れる」「子牛の場合は、ドンと押して倒し、足を結び、いきなり刀で首を裂く。時折、学生が鎮静薬を打っていたが、牛の意識ははっきりしていた。子牛は首をずばっと切られる時、『モーモー！』と酷く苦しそうに大きな叫び声を上げることがあった」などと記されていた。

酪農学園大はＪＡＶＡに谷山弘行学長名の文書で「地域農家及び地域共済組合からの診療牛の一部に関して、症例によって無麻酔下（鎮静剤使用）での処分を実施しておりました」と事実関係を認めた。そして「〇九年四月に動物の安楽死に関する指針を制定し、無麻酔下における放血処分は原則廃止しております」と回答。この件は、初めに告発した女子学生が〇八年に自殺したこともあり、他の獣医大に大きな波紋を呼んだ。

「安楽死」だったのか

酪農学園大はこうした悲しい出来事を反省し、牛の無麻酔殺を「原則禁止」にしたはずだった。しかし、一四年の同大の解剖に関する内部通報では「同年一〇月八日に行われた牛の解剖で、麻酔薬を使わず放血死させた」とあった。同大に訊ねたところ、大杉教授が次のように回答した。

まず、この牛は生前、H准教授の「牛の寄生虫病の陰性血清をマウスに入れて、牛血液置き換えマウスを作製する実験のために血液を採取していたもので、実験が終了したので安楽死させることになった」。牛の体重は八三三キログラムで、「当日、H教授と共同研究をしているB教授から『牛血液置き換えマウス作製のために陰性血清を大量にほしい』と言われ、急きょ採血をすることになった。牛の安楽死処置をするはずのK教授が所用のために、M准教授が担当することになったが、実際に処置をしたのは大学院生の獣医師だった」という。

麻酔の専門医と安楽死処置についての打ち合わせをせず、処置をする獣医師が二人変わったにも関わらず、「H准教授は動物実験委員会の副委員長だから間違いはない」と実験計画の確認もしなかった。ちなみに同大動物病院で麻酔管理を担当する山下和人教授（獣医麻酔学）は一六年五月、大動物の安楽死処分についての私の質問に「馬は暴れるので、麻酔専門の獣医師が処置しますが、牛は各実験責任者、獣医師らに任せている」と答えた。

同大の安楽死指針によると、「ほぼ健康な（牛など）反すう獣」の場合、「ステップ1」で「キシラジンで鎮静」、「ステップ2」で「十分な鎮静状態を得られた後、ペントバルビタールで麻酔導入」、「ステップ3」で「筋弛緩薬で呼吸停止させ、安楽死する」と三段階で処置するよう提示している。一方で、「大型動物の場合には、経済性を考慮し、全身麻酔下であれば放血による殺処分も安楽死として許容する」とも記されている。牛の安楽死は麻酔薬を大量に使いコストがかかるため、麻酔薬と並行して放血も行って死なせて解剖に使うこともある。

大学に入院した牛のカルテの開示を求めたところ、記入されていたのは「四ヵ月のメス牛、品種はホルスタインフリージアン」で、診断は「肉眼的に著変（著しい変化）を認めず。肺気腫状変化並びに脾種大（脾臓が腫れて大きくなる）なし」「BSE検査（陰性）」「部検主任（教授の名前）」だけがあり、病気の原因を探る「病理解剖」という割には、主治医の名前、解剖した各部位の状態、経過などは記されてなかった。さらに当日は「病理学ユニット」の学生が一〇数人、「実験動物学ユニット」の学生が三〜四人、「ウイルス学ユニット」の学生が約三人、大学院生一人、研究生一人ら計二〇人余りが解剖を見学しており、教育も兼ねていた。それにしては、余りにもお粗末な「カルテ」ではないだろうか。

この「安楽死」の経緯について私は一六年五月、大杉教授に改めて質問したところ、「全身麻酔下で放血死させたかどうか、結局のところ分からなかった」と答えた。その理由は「解剖の場にいた学生らに聞き取り調査をしたところ、『牛が足で蹴るのを見た』『放血殺で激しく暴れていた』などと証言した人は複数いた。一方で安楽死処置のための向精神薬の購入記録、麻酔の使用記録が残されており、当日処置した獣医師は『いつもやっている手順で行った』と話している。適切に行われたことを証明することはできませんが、麻酔を全く使っていなかった、とまで断言できない。採血した血もそのまま冷凍保存されています」という。

同大は、解剖に立ち会った准教授らが、その場にいた学生に安楽死の説明をしていなかったことを認めている。同大で子牛の解剖実習を経験した学生は「麻酔下で血を抜かれた子牛は部分的に覚醒していた」とも話しているため、今回問題になった成牛の解剖も見学者に残酷な印象を与えたのかもしれない。

なお、牛の解剖の方法についてはその後、改善があった。一八年八月に同大を訪ねたとき、山下教授に「実習で使う子牛ですが、麻酔下での放血は行っていますか」と尋ねたところ、「一六年から全身麻酔をかけた後、筋弛緩薬で呼吸停止を確認しています。以前は麻酔下での放血も認めていましたが、二年ほど前から放血はやっていません」と明言した。馬についても、約五年前から放血は廃止し、牛を安楽死させる際は、「僕ら麻酔専門の教員が必ず立ち会うようになりました」と述べた。私は牛も馬も放血処置を止めたと聞き、心から安堵した。

一部の獣医大の問題？

獣医大の関係者は「特に解剖実習について『何で計画を出さないといけないんだ』と言う教員がい

まだにいる。酪農学園大の件は、動物実験委員会が機能していなかった印象を受ける」と指摘した。

この問題は一部の大学だけの問題なのか。動物保護団体PEACE（東京都）が岩手大学に対して開示請求した動物実験委員会の議事要旨で、一五年一〇月の第五回の議事記録に「委員長から学生実習科目について動物実験計画を提出するよう呼びかけているが、まだ提出されていない計画があることが述べられた。今後の対応について検討し、学生実習科目と動物実験計画書の照合を行い、未提出の科目については計画を提出するよう働きかけていくことにした。最後に、委員長から各部局において、動物実験計画を提出することを周知徹底するよう依頼があった」と記されていた。

岩手大に一六年三～四月、この議事録が出た時点で動物実験計画が未提出だった件数を尋ねると、「一件。新任の先生が九月の締切を守っていなかった。督促して提出させました。未提出が多いということはない」（広報担当）と回答した。安楽死の指針があるのか尋ねると、「ない」。その理由は「牛の外科手術など侵襲性の高い実験はあるが、環境省の指針、国立大学法人動物実験施設協議会（国動協）が示す規程などを踏まえ、毎回実験計画を審査する毎にみている。酪農学園大学の指針も参考にさせてもらっています」。

では動物実験に関係する学会は牛など大動物の安楽死に関して、薬の使い方などの統一指針は持っているのだろうか。動物実験施設を持つ国立大学でつくる国動協は「環境省の動物の殺処分方法に関する指針に沿った方法を順守するよう指導しています」と返答があった。日本獣医麻酔外科学会は「動物を助けるための麻酔学と外科学であるため、本学会が示す安楽死の基準はありません」（廉澤剛会長）とし、日本獣医師会は「各大学の自主管理に任されている。日本学術会議が管理するべき問題」（専務理事）との返答がきた。つまり関連団体に統一指針はなく、やり方は現場に任されていた。

実験計画は未提出――子宮頸がんワクチン副作用

信州大学は一六年八月、ホームページで医学部の教員が一四年七月～一六年七月の間のマウスを使った動物実験計画を提出せずに実験を実施していた、と発表した。同実験には、子宮頸がんワクチンの副作用などの原因究明を行っている厚生労働省研究班（代表・池田修一信州大教授）に関わる実験も含まれていた。

国が承認した子宮頸がんワクチンをめぐっては、接種後に痛み、しびれ、けいれんなどの健康被害が生じたとして、全国の女性が同年七月、国とワクチンメーカーに対して損害賠償を求める集団訴訟を起こした。

池田教授は一六年三月に厚労省内で、自己免疫疾患を起こしやすく遺伝子操作したマウスにさまざまなワクチンを打って反応を調べたところ、子宮頸がんワクチンに対してだけ脳に異常な抗体ができたと発表。しかし、一部報道で外部の医療関係者らから実験に対する疑義が示され、信州大は調査委員会を設置。一一月に研究不正疑惑について、「予備的な実験結果について、確定的な結論を得たかのような印象を与える発表をした。ただし不正行為は認められなかった」などとする調査結果を発表した。

これに先立ち、不正疑惑が取りざたされ始めた六月、ＰＥＡＣＥからの情報開示請求がきっかけで、マウスの動物実験計画が申請されていなかったことが発覚した。同大の規定では、実験計画は申請から三年ごとに提出することになっているが、「動物実験責任者の研究者は『再提出を失念していた』と言っている。研究者には以前から実験計画を提出するようお願いしてきましたが、体制として甘かった」と広報担当者は話した。未承認だった実験計画については、「関係者に聞き取り調査を行い、実験が適切に行われたことは確認した」（同大）と事後承認。そして「関係した医学部教員には学長から厳重な注意を行った。文科省からは再発防止策を作るよう注意を受けた」とした。

ところが、ＰＥＡＣＥがその後、同大に問い合わせしたところ、以前の実験テーマは緑内障だったことが判明。私が信州大に問いただすと、「前の実験に使っていた緑内障の疾患モデルマウスを子宮頸がんワクチン副作用の実験にも使っていた。今回未提出だった実験もその一連（ワクチン副作用）だったと考えています」と答えた。確かに同大は外部有識者の調査報告でワクチン副作用の実験に緑内障のマウスを使ったことも説明している。しかし、使ったマウスは同じだったとしても、ワクチン副作用と緑内障の研究は別々の実験であり、それぞれ計画を出さなければならない。ましてや、ワクチン副作用の実験は厚労省の科研費を受けたものであり、実験計画の未提出は文科省の指針違反だ。にも関わらず、文科省は注意をしただけで計画は事後承認で良しとされる。厚労省も「信州大から計画が未承認だった件は聞いていますが、『ワクチン副作用研究の実験は行われていた』と報告を受けており、不正行為ではない。一七年度の同研究の科研費再申請に関する評価委員会で全体的な判断材料の一つになるだけです」と担当者は答えた。

実験関係者は実験計画の未提出について、「子宮頸がんワクチン問題など、たまたま社会的な注目を浴びたから表面化しただけで、氷山の一角でしょう」とみる。なお厚労省は「不適切な発表によって、国民の誤解を招いた池田氏の社会的責任は大きく遺憾である」などと見解を公表。一六年度の池田班の研究内容に最低の評価を下し、一七年度の科研費交付額を前年度の四五〇万円から三六四万五〇〇〇円に減らした。

信州大は国動協の外部検証を一二年に受けている。外部検証とは、動物実験施設は法規制がないため、業界組織である国動協、公私動協が環境省の飼養保管・苦痛軽減の基準、文部科学省の動物実験の基本指針などに沿っているかどうか、加盟施設を三〜数年毎に点検する自主管理のこと。国動協と公私動協に、信州大、酪農学園大などの動物実験計画の未提出について見解を聞いたところ、「計画を出さないのは悪いことです。ただし、この件は第一義的には各研究機関の管理の問題で、提出が徹底されにくい組織構造があるのか、あるいは実験責任者がずぼらなのか、しっかり調べてもらわないといけない。国動協、公私動協は各機関に命令する立場にない。外からは分からないです」（八神健一・国動協・公私動協外部検証委員会副委員長）と答え、自ら自主管理の限界を認めているように聞こえた。

狭いケージでぐるぐる回る犬――英団体が動画公開

欧米では、動物を傷つける実習を拒否する学生の運動もあり、動物病院の臨床実習重視の教育をしている。また保護犬猫の不妊去勢手術を行ったり、模型、人工皮膚、シミュレーターなどを利用したり、亡くなったペットの献体で解剖の実習をしている。技術の進歩で、犬、牛、馬などの模型も精巧かつ耐久性に優れたものも開発されている。

米国では二〇〇〇年代から犬を使わない大学が急速に増えた。米国で獣医師になるには、大学の生物系学部で四年間、その後獣医大で四年間の計八年学ぶ。米の獣医学教育に詳しい古川敏紀・倉敷芸術科学大客員教授は「米国では代替法や保護犬猫の手術の他、動物病院で教員から指導を受けながら治療を見学したり、処置を手伝ったりする実習を重視しています」と話す。一方、六年間学ぶ日本の獣医大では、犬、鳥、牛などを使った実習が長年続けられる一方、臨床実習は見学中心で国際水準から大きく遅れていることが長年の課題になっていた。

一七年一月、国際的な動物保護団体「Ｃｒｕｅｌｔｙ Ｆｒｅｅ Ｉｎｔｅｒｎａｔｉｏｎａｌ（ＣＦＩ）」（本部・英国）が、日本の獣医大で飼育されている実験犬の写真と動画をインターネットに載せた上、犬を使った侵襲的な実習をやめるよう、松野博一文部科学大臣宛に要請文を出した。動画には、室内で小さな金属製の二段式のケージに一匹ずつ入れられ、激しく吠え続けていたり、ケージの中でぐるぐる回り続けたりしている犬や、屋外の犬舎にいる犬たちが映っていた。CFI特別プロジェクトのディレクター、サラ・カイトさんにメールで問い合わせたところ、写真と動画について、「屋外のものは岐阜大の犬舎、屋内のものは日本獣医生命科学大です」と返答があった。

私が岐阜大に写真について問い合わせると、同大は「そのように見受けられますが、本学から写真と動画を提供したことはないため、段定的な回答はできません」と否定はしなかった。

日本獣医生命科学大は「一六年一〇月に海外の方が二人、本学を訪問した記録は残っていますが、動物施設に許可なく部外者が立ち入ることは禁止しており、当日に入室を許可した記録はありません」と回答した。

松野文科大臣への要請文は「近年は、獣医師を養成するために故意に動物を傷つけることに関して懸念の声が高まっています。獣医師になろうとする人には命を尊重する心を養うことが求められ、動物を実習の道具と見なすことは教育の理念と矛盾します。このため、現在英国、カナダ、米国などをはじめ国際的には、学生の実習で健康な動物を使うことをやめた医大、獣医大がたくさん出てきています。これらの大学では、模型などを使った代替法や、保護犬の不妊去勢手術などを通して手術の技術を習得しています。また動物病院の治療を要する動物に対する手術を見学するなど、より実践的な実習に時間を割いています」などと記されていた。

ちなみに英国では、動物の科学的処置法により、動物実験の分野で生きている動物で手技の練習をすることは禁止されている。さらに獣医外科医師法は、治療を要するペットや産業動物などを除き、学生が動物で練習することを禁じている。

同時期に国内でも、ＰＥＡＣＥが全国の獣医学部を持つ国公立大学に情報公開請求した動物実験実習計画（一三～一五年度）で、犬を使った計画や動物実験委員会の関連資料をホームページに掲載した。その結果、実験計画の未申請、侵襲的な実習などさまざまな事実が浮かび上がった。

一六獣医大に質問

私は一七年四月から約一年半にわたり、獣医師を養成する学部がある一六大学（当時）に実習に関し、犬の侵襲的な実習を中心に取材した。全大学に質問状を送った結果、北里大は臨床実習の取材、帯広畜産大と鹿児島大は実験動物施設の見学をさせてくれた。東京大、山口大、麻布大は実験動物施設の見学は許可が下りなかったが、対面で取材に応じた。

質問の主なポイントは▽犬の侵襲的な実習▽模型、人工皮膚、映像などの利用状況▽臨床実習の内容▽動物の飼い方など。ＰＥＡＣＥが掲載した実験計画などに基づいて質問書を送付した。大学の回答と個別取材の結果、既に鹿児島大、山口大の二大学は動物愛護センターと協力して保護犬猫の実習を行っていることが分かった。北海道大、帯広畜産大、北里大など五大学が動物愛護センター、犬猫保護団体と実習について「検討中」「協議中」などと答えた。

一方で約三分の一の大学は「（一六大学でつくる）全国大学獣医学関係代表者協議会の判断を待つ」

など消極的な姿勢だった。また保護犬猫の実習は、導入している鹿児島・山口大学から見学を断られたので、自分の目では確認できていない。自治体によっては動物愛護センターで不妊去勢手術を行う体制が整っているため、実習の対象になる犬猫が少ないなど地域の事情や、保護動物を扱うことに消極的な教員もいて、大学によって大きな違いが見られた。

犬の飼い方は、二匹以上で飼われている様子を見学できた鹿児島大や、見学は許されなかったが、「群れ飼いを原則にしている」と答えた北海道大以外は一匹のケージ飼いがほとんどだった。「ドッグランを備えている」「散歩をしている」などと答えた大学は六大学あった。「毎日朝と夕方に必ず屋外の運動場で群れで自由に遊ばせている」（鹿児島大）、「毎日散歩させている」（東京農工大）、「相性の良い犬同士は同じケージで飼い、毎日屋外の運動場で走らせている」（北海道大）、「床暖房付きケージに一匹飼いし、犬舎にはドッグランを備えている」（帯広畜産大）、「散歩に加え、シャンプー、耳掃除、爪切り、健康診断などもしている」（宮崎大）、「ケージの掃除中などに、併設の運動場で自由に遊ばせている」（岩手大）など、犬をある程度大事に扱っている様子が伺える。ただし後述するが、「ドッグランがある」「掃除中に遊ばせている」などと文章で答えた大学でも、関係者らの話によると、必ずしもドッグランが効果的に使われていなかったり、「遊ばせている」と言っても、掃除をする間にケージから通路に出しているだけだったり、という実態があった。また犬舎の見学は二大学しか許されなかったため、自分の目で全体像を把握することはできなかった。

牛、馬を使った実習は動物の負担を軽減するために、八大学が模型、食肉解体場から購入した生殖器、シミュレーター、映像教材などで事前に練習していた。事前に模型などで練習した上で、「一回の実習で一頭当たりの学生を二〜三人に制限し、同じ牛を使う実習は少なくとも三日以上間隔をあけています」（北海道大）など負担軽減に努めている大学もあった。東京農工大は模型の使用の有無については答えず、「牛の数は多いため、一頭に対して多数の学生が使用する実習はほとんどない。複数の学生が同時に牛を扱う場合は、短時間で牛に負担をかけないようにしています」と説明した。

外科実習の実験計画が未提出?——東京大

東京大学は一七年五月、解剖学については年間犬八匹の死体を使っているが、「他の研究で使った実験犬を安楽死させて使用している」と答えた。

小動物の内科・外科実習については、「犬に侵襲的な外科手術を施す実習は一六年度にやめました。獣医学の教育で生きた動物を使わないことは国際的な流れであり、現在国内の獣医大は試行錯誤している最中です」と回答。現在、犬の外科実習は「動物病院の供血犬（輸血が必要な時に採血するために保有している犬）で保定、注射、麻酔の練習をする程度にとどめ」（西村亮平同大大学院教授）、手技については縫合キットなどで練習したり、ビデオ教材を見たり、動物病院で犬の診療を見学し、問診、診察など基本的なことを学んでいるという。今後は「超音波検査などを動物病院で行い、臨床の現場を活用していきたい」。模型や視聴覚教材などの利用も考えられます」とする一方、「日本の大学は予算が乏しく、シミュレーターなどをたくさんそろえることはできない上、健康な動物を学生の練習に使うことを禁止している英国など、法制度が違う海外と全く同じことはできません」（久和茂東京大大学院教授）とも話した。

西村教授は「生きた動物を使う必要性は高いですが、社会情勢から犬を使うことは難しくなっている。（生体で手術の練習ができないため）、教育レベルはぐっと下がっています」とも話す。「犬の模型などの購入は予定していますか」と尋ねると、「米国で開発された最新型は予算がないから買えません」と資金不足を強調した。保護犬猫の不妊去勢手術については、「協力してくれる民間の団体を当たってはいますが、そのような実習に理解を得られるのか、反対する人が出てくるのでは」と述べた。

ところで、この時釈然としなかったのは、東京大の犬の外科実習の実験計画が提出されていなかったのではないか、と思われる点だ。開示された一三〜一五年度の実験計画は解剖学だけ。同大が「一六年度から犬の外科実習をやめた」と答えたため、私は「ではなぜ一三〜一五年度の外科実習計画が開示されていないのか」と質問書を送付したが返答はなかった。「当時動物実験委員会委員長をしていた」という久和教授に尋ねると「外科実習の実験計画は出されて委員会が確認しているはずですが……」と言葉を濁した。二ヵ月後の七月に対応の窓口になっていた前田敬一郎獣医学専攻長に「外科実習の実験計画は出されてなかったのですか」と再度問いただしたが、結局返事はなかった。同大では「実験計画の申請と承認がないと実験、実習が不可能になる仕組みはない」（西村教授）という。犬がどのような方法で外科実習に使われたのか、もはや知る由もない。

「猫が下痢、自傷行為」――岐阜大

岐阜大は実験動物飼育施設の老朽化が進んだため、一四年に小動物（マウス、ラット、ハムスター）飼育施設を改修、一七年三月に犬の屋内飼育施設を建設した。約三〇年ぶりの新設だったが、新設されるまでは、犬は年中屋外の狭くて不衛生な施設内で飼われたために熱中症、凍死の危険性にさらされ、猫は運動不足から下痢や自傷行為を起こしているなど、驚くような劣悪な状況だったことが明らかになった。

一三年五月の「実験動物委員会委員長」名で応用生物科学部長宛に出された「実験動物飼養保管施設の抜本的な改善についての要望」によると、「一一年一二月に、応用生物科学部の動物飼育施設（特に共同獣医課程の飼育施設）について、飼育施設及び諸設備の全般的な老朽化（そのほとんどは一九八二年の柳戸地区への移転以来、設備の更新がなされていない）、動物福祉に必要不可欠な換気、給水、飼料保管、飼育スペースの不足などを指摘して、抜本的な施設・設備の改善、さらに感染症に対応できる施設の配置転換を要望しました。応用生物科学部長から回答を頂いて以来一年以上が経過しておりますが、改善に着手されたとの連絡はいまだに頂いておりません」と始まり、「現状を放置することは、動物の飼育及び実験から得られるデータの信頼性、動物愛護の促進という点、また動物及び生命に関する教育の現場であるという点からも大きな支障が生じ、社会的にも問題になる可能性があります。諸法律の厳格化に対応するためにも早急に抜本的な改善に対応される必要があります」と強い調子で改善するよう求めている。

この一年前に同委員会に出された回答である応用生物科学部の「動物飼育施設の現状と改善計画」には、「著しい老朽化によって建物構造が破綻し、諸施設が旧式化している。特に一一年に改正された（家畜の感染症の蔓延防止を目的とする）家畜伝染病予防法、一二年改正予定の動物愛護法に対応できない状況である」としている。

そして犬猫飼育施設について、約四〇匹の犬について「全て屋外飼育されており、いまだに一匹も屋内で飼育されていない。屋外では昆虫に接触する可能性があり、日差しや雨をしのぐスペースに乏しい。そのため、夏は熱中症、冬は凍死の可能性があり、目が離せない。個別飼育のスペースの狭さも大きな問題となっている。一部では運動場を欠くために給餌や糞尿処理も屋外で行われている。清掃時に犬を一時的に遊ばせる場所がないため、糞尿処理は犬がいるスペースで行われている。十分な運動の機会がない」と指摘。

餌の管理については、「ドッグフードの十分な保管場所がないため、牛舎横の空いたスペースに保管しており、害虫の被害やカビ発生による汚損の可能性がある」、排水設備は「食餌中に糞尿の汚水が流れ込む場合もある」と報告。さらに電灯設備がないため、「冬季には暗い中で給餌、糞尿処理を行わなければならないので、飼育者にも大きな負担である」と訴えていた。

約二〇匹の猫については、「大動物飼育施設（牛）の中の部屋の一部で飼育されているので、空調・換気設備に問題があり、排水においてもトラブルが多い。運動ができない環境なので、下痢や自傷行為も報告されている」と記されていた。

その他、マウス、ラット、モルモット、ウサギ、ニワトリの飼育施設内について、「（一般的な衛生環境で飼う）コンベンショナル動物を飼育するための『オープンシステム施設』で特別な空調設備が配置されていない。エアコンがない飼育室もあり、夏季及び冬季には使用が困難。換気扇が老朽化している部屋もある。電気配線の老朽化、あるいは容量不足が深刻化。屋内に水場がなく、排水溝や水道栓が老朽化している飼育室もあり、屋外の水場でケージの洗浄や水の補給を行っている。このことも衛生状態の保持を難しくしている。動物の衛生状態だけでなく、学生、教員など飼育従事者の安全性確保の観点からも問題となっている」とあった。

さらに牛など大動物飼育施設については「獣医学課程の牛舎については、老朽化、不衛生、換気・排水不備、及び手狭となり、修理、修繕に加え、牛舎内の区画の再考、増築も考慮すべきである」とし、「牛舎と[redacted]、[redacted]、及び[redacted]はそれぞれ離れており、その間には小動物舎、実験動物舎及び病院棟などもあり、人及び牛の動線を考えると……」「農場の牛と獣医学課程の牛とを別々に管理することは、家畜伝染病予防法の観点から非効率であり十分な管理ができるとは言い難い。現状では家畜伝染病予防法に対応できない」などと、一部黒塗りのため不明な点はあるが、牛舎の修理、増築などの必要性を強調していた。

それにしても、これだけ酷い状態の飼育施設をなぜ三〇年間もそのままにしておいたのか。岐阜大に質問すると「予算措置がとれなかったためです」と短く返ってきた。

施設の改善状況を聞くと、マウス、ラット、ハムスターなどの飼育施設は一四年三月に改修、犬の屋内飼育施設は一七年三月に新設されたという。現在、犬は「個別ケージまたはフリースペースでの集団（三匹）飼育」、猫は「ケージに一～二匹ずつ飼育」。ウサギは「個別ケージ」、ブタは「個別飼育」、ミニブタ（マイクロミニピッグ）は「ケージに一～二匹ずつ飼育、またはフリースペースでの集団飼育（最大一五匹）」で、牛は「一頭ずつタイストール式繋留」とした。

一方、岐阜大が示した一三～一五年度の実験計画では、犬、牛、馬を使った解剖学実習があった。外科実習は、犬の不妊去勢手術を行っていた。今後の解剖学での生体使用については、「一七年度は動物を使用する予定。今後については、全国大学獣医学関係代表者協議会で検討することになっております」と明言を避けた。

保護犬猫の不妊手術で実習

保護犬猫の不妊去勢手術を他大学に先駆けて実習に取り入れていたのは、鹿児島大共同獣医学部。同大は一四年度から県動物愛護センターで獣医師が指導して実習を始めている。同センターによると、一四～一七年度の四年間で譲渡対象の犬猫計七三匹の手術が行われた。実費は同大が負担し、「犬猫の保護・譲渡活動に貢献し、かつ学生の手技を磨く機会にもなっており、自治体と大学双方にメリットがあります」（同センター）としている。

山口大共同獣医学部は一六年度から「（保護施設にいる多数の動物の健康管理を行う）シェルター・メディシンの教育、研究と地域貢献を目的」として、同大動物医療センターで地域猫（地域住民がえさやり、糞尿の始末をして世話をする飼い主のいない猫）の不妊去勢手術の実習を始めた。動物医療センターは、地域猫活動の団体から申し込まれた保護猫の手術を行い、ボランティアが手術費用（雌一万円、雄五〇〇〇円）を同大に支払うという仕組み。山口大で一六年度に手術を施されたのは約一〇匹で、「動物愛護の普及と学生のスキルアップの両面で意味がある」と県生活衛生課は評価している。

宮崎大は保護犬猫の不妊去勢の実習について「一七年四月にみやざき動物愛護センターが開設したので、これから協議していく予定です」、東京農工大も「積極的に導入したい」とした。

岩手大が開示した犬の実習の実験計画は採血、注射、カテーテル採尿、麻酔などだった。同大は「牛の開腹手術は行っていますが、犬に侵襲性の高い実習はしていません。この他、小動物の外科実習として、市販の鶏肉を用いて骨折の治療に必要な手技を教えています」と回答。保護犬猫の不妊去勢手術については「岩手県に動物愛護センターは現在ありませんが、設置されれば検討する可能性はあると思います」とした。

同じ犬に三回手術

大阪府立大は開腹・開胸手術などの外科実習と、大たい骨を骨折させる診断治療学の実習で、治癒のための間隔を空けているとはいえ、同じ犬を二~三回手術で繰り返し使っていることが分かった。

一四年三月に出された四年生の外科実習の動物実験申請書によると、ビーグル犬の雌を八匹使い、一回目に皮膚を一部（二~三センチ角程度）はがして縫うなどの体表手術をした後に日をおく。傷が治ったら開腹手術をして、膀胱切開術、胃切開術、腸切開術、脾臓及び肝臓部分摘出を行う。再び日にちを空けて回復したら、開胸手術として肛葉部分切除術を行う、とあった。手術はすべて全身麻酔下で行い、術後に抗生物質、鎮痛薬を経口投与し、「感染及び疼痛の制御を行うと共に動物の状態に応じた治療を行う」とあった。同じ犬を三回手術に使う理由として、「使用動物数を軽減するためにも、同一個体を用いて一連の手術を実施する」と説明されていた。

術後の疼痛管理については、「体表手術は一過性の疼痛と炎症のみが予想されるため、その後の腹部手術まで最低三日程度空ければ問題ない。腹部に対する各手術について、開腹術そのものに関しては、臨床的に抜糸を実施するほど十分な回復には最大二週間程度あれば問題ないと考える。開腹後の各操作に関しても、実際の回復までの期間は数日から一週間以内と思われ、同臓器に対する処置を複数回行わないことにより、すべての処置を安全にかつ動物に過度な負担をかけることなく実施するためには二週間程度の間隔を空けることで問題はないと考える。また、最も疼痛及び術後の合併症の可能性が高いと思われる開胸手術後は覚醒することなく安楽死を実施するため、動物への実質的な負担はほぼない」とあった。

また四年対象の「眼科検査の基本手技と整形外科手術の基礎習得のための」を目的にした「診断治療学」の実験申請書の文章が分かりにくかったため、大阪府立大に「犬を検査して関節液などを採取し、二週間後に大たい骨を骨折させる、という趣旨ですか」と確かめた。すると同大から「犬に全身麻酔をかけ、針を関節腔（関節を形成している二つの骨の間にある狭い部分）に刺します。健康な犬の関節からはほとんど関節液を採取することができないため、吸引せずに針を抜くよう指導していまず。感染防止のために三日間抗菌剤を全身投与し、二週間後に犬の回復を確認した後、大たい骨骨折の実習を実施しています」と答えた。骨折させた後は安楽死させていた。

最近は侵襲的な実習は、一日で終えて安楽死させることが一般的になっている。同じ犬に二回、三回と大きな恐怖と苦痛を与えることはやめて、せめて一日で終わらせることはできないのか。同大に問うたところ、岡田利也獣医学類長名で、「開腹手術後の経過を観察し、回復を確認した後に開胸手術を行っています。現状では、犬の使用数を減らし、かつ学生に対する教育効果が高くなるように一匹の実験犬で、三週間程度の期間を置いて複数回の手術をしています」と回答があった。

また開示された外科実習の申請書の中には、犬が受ける苦痛の度合いを「D」（回避できない重度のストレスまたは痛みを伴う）となっていたのに、実施状況報告書には、「C」（軽度のストレスまたは痛みを伴う）に格下げされていたものがあった。これについては「記載の誤り。このようなことがないように動物実験責任者に注意喚起を行い、実施状況報告書の内容の確認を徹底します」（岡田氏）と答えた。

「今後、健康な犬を実習に使わない方針があるのか」と問うと、「教員の間で、生体を用いない実習への漸次移行について検討しています。一八年四月から外科実習の犬を半分に減らす予定」とした。さらに、「参加型臨床実習、あるいはシミュレーターなどを用いた実習の拡充により、最終的には（健康な犬を）全く使用しない実習にしていく予定です」とも答えた。

犬の飼い方については「一匹飼いにしていますが、飼育担当者と動物、あるいは相性のいい動物同士の交流など動物の社会性を損なわないように可能なことを実施するよう心掛けています」との回答だった。この点について「それは、一日のうち何分間かは、ケージから出して飼育担当者が遊んであげたり、犬同士で遊ばせたりしているということですか」と聞いたところ、「実習に用いる動物は実験動物ですので、『遊んであげたり、遊ばせたりする』ということではありません。飼育担当者が動物をケージから出して一般検査をする時に犬とのスキンシップを大切にするということです。相性のいい動物同士での交流については、お互いの（術後の）傷口をなめあったり、バンテージを取って食べてしまったりするようなことを防ぐため、現時点では実施しておりません」とした。

私はこの回答に首をかしげた。実験用の犬は遊ばせなくてもいいのだろうか。動物福祉の観点からは仲間と一緒に遊ばせたり、人間が構ってあげたりすることは必要だ。現にいくつかの大学は短時間ではあるが、実習犬を散歩させたり、仲間同士で遊ばせたりしていると答えた。実験中や術後は無理だろうが、健康な状態であれば、たとえ一日三〇分でも自由にさせてやる、仲間と一緒に過ごさせることが必要ではないか。

ところで私は、飼育施設の見学を一六大学に申し込んだが、帯広畜産大と鹿児島大を除く全大学から断られた。断る理由としては、「部外者の立ち入りは実験の目的を損なう恐れがある」（東京大）、「実験中の動物に関しては、通常の管理者、教員、学生以外と接触することは、実験環境の要因を増やすことになるので、再現性の観点から難しい」（東京農工大）、「衛生環境の保全及び実験動物へのストレスなどを苦慮し、公開しておりません」（大阪府立大）などだった。

しかし、私は無菌動物を管理するエリア、病原体になるような細菌が存在しないSPF動物のエリアなど厳格な管理が求められるエリアを含め、「施設すべてを見せろ」と要求したわけではない。一般的な衛生環境で飼育するコンベンショナルな施設など可能な範囲で構わないのである。施設によっては、前述したように糞尿垂れ流しで飼われている例もあるなど、衛生・安全面、動物福祉に問題がある点が懸念され、「衛生環境の保全、感染防止」などを盾に固辞されると、逆に不都合なことでもあるのか、第三者に見せる自信がないのでは、と思ってしまう。

参加型臨床実習を見学

一七年度から獣医師を目指す学生の実践力向上のために、診療行為の範囲を広げた五、六年生対象の参加型臨床実習が始まった。参加型臨床実習では、教員指導の下で学生が触診や超音波検査などを行うなど、今までの見学中心の実習を大きく見直した内容になっている。同年一〇月から参加型臨床実習をスタートさせた北里大獣医学部を訪ねた。

参加型臨床実習は既に医学・歯学部などでは〇五年度に導入されている。獣医大については、一一年に文科省の有識者会議が獣医学教育の改善に関する意見をとりまとめた。農林水産省の部会は、一〇年に国際水準の獣医学教育を目標に臨床実習で学生に許容される診療行為を示した。

臨床実習を受ける前に一定の知識・技能水準を確保するため、学生に義務付ける共用試験も一七年度から正式に始まった。共用試験は獣医学の知識をみる「ｖｅｔＣＢＴ」と、基本的な診察の技能や飼い主とのコミュニケーション能力が備わっているかをみる「ｖｅｔＯＳＣＥ」の二種類。ＯＳＣＥは、動物の視診、触診、聴診、保定、皮膚縫合の技術などをみる。ＮＰＯ法人獣医学教育支援機構によると、一七年は一五大学で実施され、受験者八三六人のうち八三一人が基準点に到達した。

北里大では一〇月、共用試験に合格した五年生一三八人が参加型臨床実習に臨んだ。付属動物病院の実習では、脾臓《ひぞう》の腫瘍摘出手術をする予定の大型犬の診察が行われていた。不整脈が強く出てお

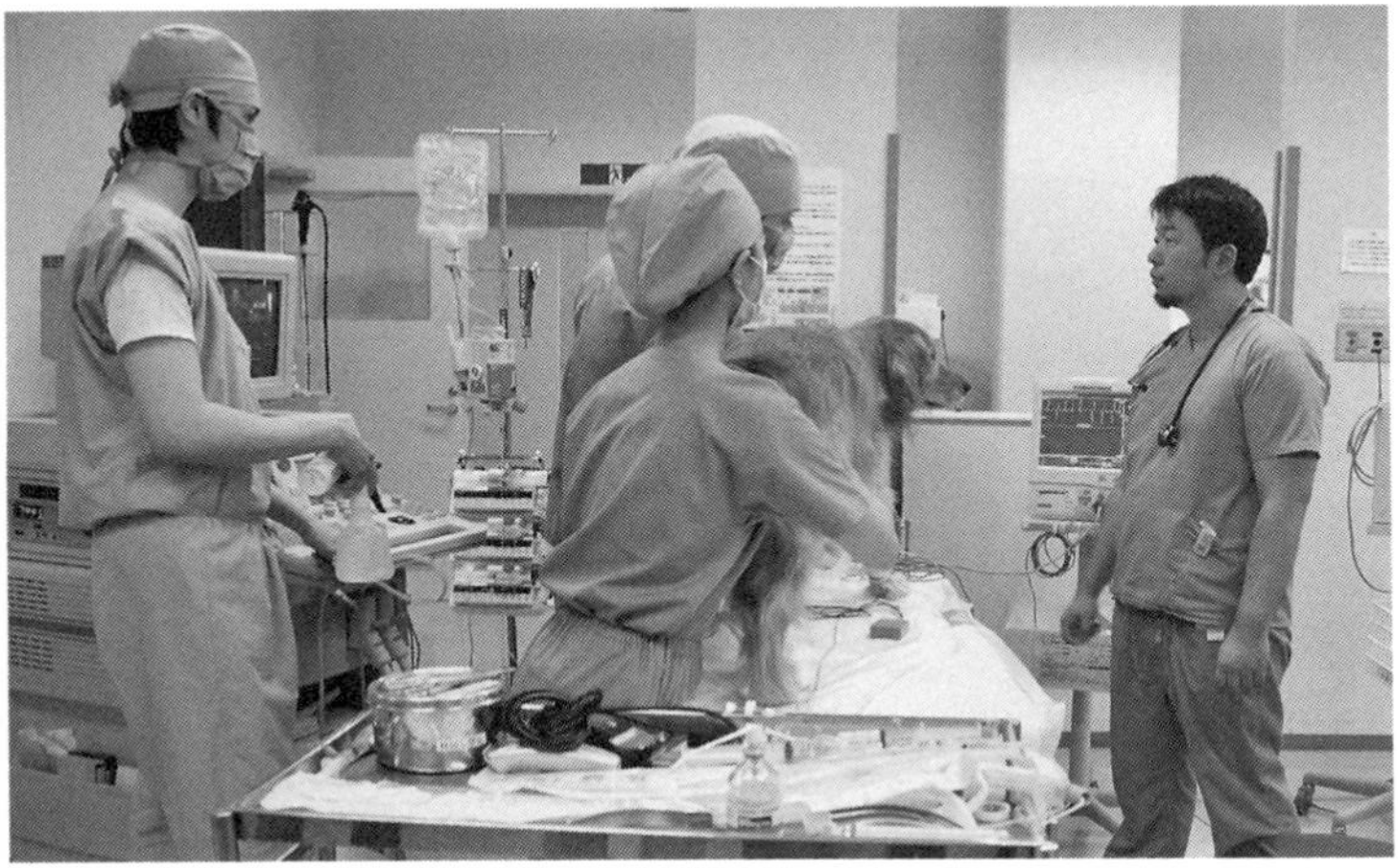

教員（右端）の指導下で飼い犬の超音波検査などを学ぶ臨床実習＝北里大で（撮影・森映子）

り、獣医師が麻酔に耐えられるかどうか超音波検査をしている最中で、学生は犬を保定したり、様子を見たり。他の部屋では、獣医師が飼い主にペットの病気について説明しているそばでじっと話を聞いたり、聴診を行ったりしていた。

臨床実習で許される行為は、農水省の例示を踏まえた各大学のガイドラインに基づき、飼い主の同意を得た上、侵襲性がそれほど高くないもので、教員が監督して行うことが条件になっている。北里大付属動物病院の岡野昇三院長は診療行為について、「現時点では聴診、超音波検査、麻酔の手伝いなどをさせています。学生の技量次第ですが、犬にストレスをかけない程度の採血、注射、皮膚の縫合などが考えられます」と話す。

大動物の実習では、約二〇人の学生が感染症であごが腫れている農家の牛の様子を見ていた。渡辺大作教授（大動物臨床学）は、どのような病気や処置

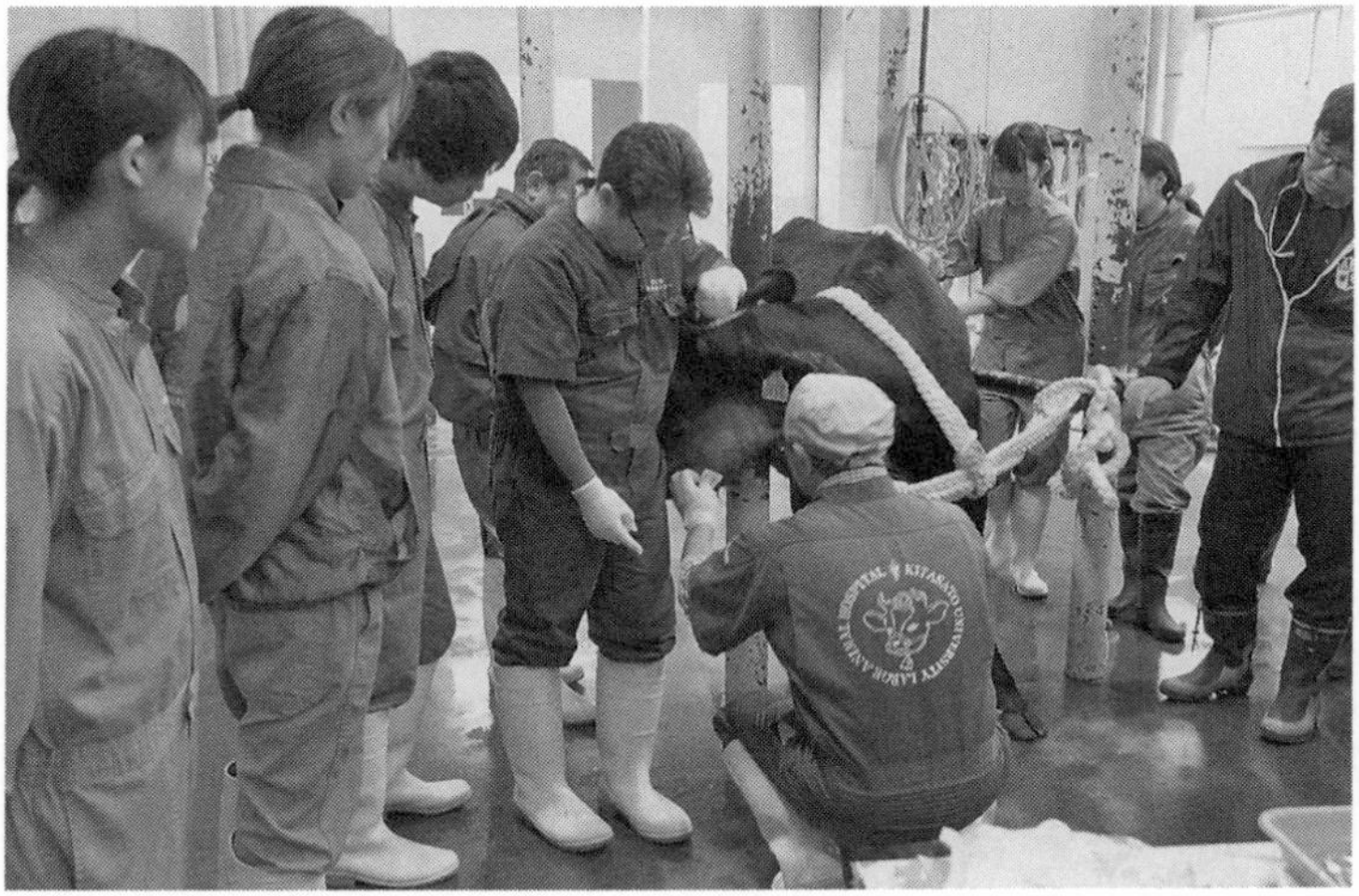

臨床実習で農家の牛の症状を診る教員と学生＝北里大で（撮影・森映子）

が考えられるのか、学生に考えさせながらレントゲン・超音波検査をしたり、患部を触らせたりしていた。

この日が大動物の臨床実習二日目という男子学生は「きのうは骨折した牛のギブスを電動カッターで切って交換したり、鎮痛薬を注射したりした。大動物の獣医師になりたいので、とても勉強になりました」と満足げ。他の学生も「今日は、固くなった患部を触れたので感触が分かった。先生と一緒に診断していくのもよかったです」と評価した。渡辺教授は「テーピング、筋肉注射、静脈注射などは安全性に問題がない範囲で、学生に考えさせながら出来るかぎりやらせようと思っています」と説明した。

どこまで学生に診療をさせられるのか。岡野病院長は「悩みながらやっています。牛は産業動物ということもあり、飼い主さんは寛容ですが、ペットの飼い主さんの中には『学生に触らせるのは嫌』という人もいます。付属動物病院には症状が重いペットも多い。学生に何ができるのか思案中です」と語った。

一方、北里大は実践力を付ける「アドバンス教育」として、六年生を対象に保護犬猫の健康管理などを学ぶシェルター・メディシンの授業を始める予定だ。動物愛護の観点からも、手術を伴う外科実習を一八年度前期から廃止した。今後は、青森県八戸市内で開設が計画されている動物愛護センターで、譲渡対象の保護犬の不妊去勢手術を実習として行うことを検討している。

さらにアドバンス教育では、六年から民間の動物病院などで学ぶコースも一八年度から開始。犬猫などの獣医師を目指している学生はペットの動物病院で、あるいは牛、馬など大動物の獣医師を志す学生はＮＯＳＡＩ青森（青森県農業共済組合連合会）などで各一週間の実習のどちらかを選ぶ。二〇年度からは小動物（二週間）、大動物（二週間）、あるいは大小動物各一週間の三パターンから一つ選択できる。

獣医学教育全体の底上げについて岡野病院長は「参加型臨床実習の一般的な認知度を高めていくことが必要。また医学部では国家試験合格後に二年以上の臨床研修制度が必修となっており、獣医大も将来的には研修制度を導入するべきだと思います」とも述べた。「今まで動物に触ることもできなかった」（岡野病院長）ことを考えると、参加型臨床実習のスタートは大きな一歩だ。

参加型臨床実習については数ヵ所の大学に取材依頼したが、断られたり、返事がなかったりした。

犬以外の生体使用は？

北里大は一八年度から犬の外科実習廃止を決定した。この方針について同大は「二、三年前から検討していた。英ＣＦＩの動画は関係ない」（岡野病院長）とした。

この英断は歓迎したい。一方で、犬以外のカエル、魚、マウス、ラットなどを使う生理学、毒性学、薬理学の実習については「減らす予定はない」（佐々木宣哉教授・実験動物学）と聞いて、愕然とした。このやり取りは、正確を期すために一問一答形式で以下に記す。

――犬以外では、マウス、ラット、カエル、魚などの実習をしてますよね。

佐々木氏　動物実験計画の審査でレギュレーション（規則）を厳しくしています。三年ぐらい前から数の根拠を相当書いていただく努力をしてもらってます。

――生理・毒性・薬理学で侵襲的な実習はありますか？

佐々木氏　（苦痛度の区分で）Ｄ以上は必ずエンドポイントを示して安楽死。一年生の時から口酸っぱく言っている。二年で一コマぐらい、三年の実験動物の講義、四年の倫理、関係法規の講義で口酸っぱく。特に獣医学は感染実験が多いので必ずエンドポイント。毒性試験も同じ。腫瘍移植が多い外科系もエンドポイントを厳しく。統計的なものも必ず教えて、必要最低限で実践されています。

——マウス、ラットの実習はすべて麻酔をかけてますか？

佐々木氏　ケースバイケースですね。目的を阻害する麻酔もある。科学的正当性があって致し方ない場合は、倫理委員会が承認することもあります。

——犬以外の動物の実習は減らす予定はないですか？

佐々木氏　ないです。個々の実験で動物の数を減らすことは指導していますが、全体としては難しい。理系、医学系の大学なので（動物を）使わないといけない。実習は全体の一部であり、模型も使っています。

——生理学や毒性学の実習はビデオで十分ではないでしょうか。

佐々木氏　個々の分野で内容が重複している場合は指導する場合もあります。コアカリキュラム（習得すべき基本の教育内容）があるので、そっちをいじらないと現場で減らすのは難しい。

——ただし、実習で生体か模型か、どちらを使うかは各大学の方針、教員の考え方によるということではないですか。例えば、東京大農学部の獣医学課程では今年初めて、生体機能学の実習で保定、注射、経口投与などの練習用に生きた動物の代わりにシリコン製のマウスを買いました。

佐々木氏　まあ、そうですね。模型はかなりコストがかかる。私立大はかなり力を入れていますが、国立大は一つの研究室の予算は約五〇万円で、その中からコピー代、実習費用も捻出しなければならない。模型を使うより生体を使う方が安い。生理学は臓器などを取り出すことが特徴。なかなか（臓器の）模型を作っている会社はなく、ニーズがないから作らないんです。模型より生体の方が安いですし。学生も生体を使う方が臨場感がある、と言います。

――生殖器を食肉解体場から買って縫合などの練習には使ってない？

岡野氏　豚の腸は犬と厚みが全く違い、縫う練習をしてどこまで教育効果があるのか。そうなるとチューブで練習しても変わらない。正直分からない。生体では出血もある。模型で欠けている部分をどう埋めていくのか、教育効果を模索しています。

――米のシンデバー社が開発した精巧な犬の模型などを購入する予定は？

岡野氏　シンデバー社？　極論すれば模型の方が楽。飼わなくてもいいし、生のものは実習をやりだしたら途中で止められず夜までかかるが、模型なら次回に回せる。模型は一体というわけにいかず、学生の人数分必要となるとコストがかかる。コストの問題で十分準備できないと教育効果が落ちます。

――健康と病気の状態を見ないといけない、ということで、実習で動物を使うことが目的化しているようにも感じます。そうなると、永遠に健康な動物の実習はなくならない。

岡野氏　正常な体の状態が分からないと、病気の状態は分からず、解剖、生理学などどこかで（正常な状態を）見ざるを得ない。一通り学ばないと五年の共用試験を受けられません。骨折を治すのに、正常なものを理解しておかないと……。ビデオを見てよしとするのか、また麻酔の練習などそんなに痛くないものは、四年までの基礎的な学習で健康な犬でやらないといけない点はある。

――学生の中には侵襲的な実習に疑問を持っている人、実習がいつまでも心の傷になっている人もいる。

岡野氏　そういう学生には、外科実習は出なくてもいいよ、と言ってます。

――動物実験技術者は手技の練習に模型のマウスを使うこともあります。化学物質の安全性試験も今は、細胞、コンピューターを使ったり、ＡＩを利用する研究も始まるなど、動物実験ありきではない時代です。

佐々木氏　代替法はそんなに進んでいない。動物の数はゼロにはできないが、減らす方向にはある。無駄はなくすということ。

なお北里大は一八年四月、新たにドッグランを室内に設けた。広さは五六平方メートルあり、実験犬を週一回、三〇～四〇分間二～六匹を運動させ、「担当者が犬とコミュニケーションを取りながら健康状態を把握している」という。犬は六一匹（一八年一〇月二四日現在）。高井獣医学部長に「週一回運動では足りないのでは」と質問すると、「毎日のケージ床の清掃時に一〇分程度、通路で自由に運動してます」と回答があった。糞尿は定期的に自動的に水が流れるようにし、「ケージは幅八〇センチ、奥行き一〇〇センチで天井がないタイプ。米国の法律に沿った基準に適合しています」とした。

ただ以前は「実験犬は個別ケージに入れっぱなしで散歩もさせていない」と関係者から聞いていた

ため、その点を確認すると、「清掃時には通路で自由に運動していた」と通路に出すことを「運動」と表現した。

猫は八匹飼い、二段式に上り下りできるケージで個別飼いをしており、「猫は腎疾患の実験が多い」（高井氏）。ブタは「ペンケージに個別飼い」（同）という。

外科実習の実験計画が未提出――北海道大

実験計画が出ていなかった事例は前述したが、中でも驚いたのが北海道大だった。同大獣医学部は〇七年に日本の大学として初めて実験動物福祉の国際基準を備えた施設を評価する民間団体ＡＡＡＬＡＣインターナショナル（本部米国）の認証を取得しており、ホームページにも「動物実験委員会では、適正な実験計画の作成指導と厳密な審査、動物の適切な品質及び数の設定などさまざまな改善を行ってきた」などとある。

開示された実験計画は内科、臨床診断学の実習の分だけで外科実習がなかった。同大は未提出だったことを認め、その理由を「動物の使用数を減らすために内科実習で使用した犬を外科実習で使用しています。実験計画の申請は内科、外科それぞれ必要ですが、一二年に実習担当の責任者が交代した際の引き継ぎが不十分だった」と説明した。

ちなみに内科実習の計画によると、「一クラス四二〜四三人の学生を五グループに分け、各グループ（八〜九人）が一〜二匹で練習する」とし、内容は「注射、採血、採便、採尿、注射器で骨髄（一ミリリットル）採取」などとあり、絶食絶水の時間、鎮静薬、麻酔薬を使った処置方法や「骨髄採取後に跛行《はこう》（足をひきずり正常に歩けないこと）を呈するなど痛みの兆候を示す期間は、鎮痛剤を投与する」とあり、また使用数の理由として「一頭の犬は各実習で同じ処置を八〜九回実施されることになり、犬の負担を軽減するために交代で休ませるためにも合計八頭の犬が必要である」と記述されていた。

内科の後は「外科実習と解剖学実習で継続利用した後、年度内に安楽殺する。この実習を五年間継続するので四〇匹を使用する」などとあった。

同大に実習の具体的な内容を聞いた。書面での回答によると、基本項目として「鎮静法、全身麻酔法、包帯法、皮膚切開・縫合法の四つがあります。皮膚切開は皮膚の一部を全身麻酔下で切開し、直ちに縫合します。術後は一週間、抗生物質と消炎鎮痛剤を与え、術創（縫合された傷）や犬の状態を観察し、二週間後に抜糸します」とした。さらに「より専門性の高い手技として、希望する学生に開腹・開胸手術の実習を行っています。希望者は例年五〜一〇人程度。手術後は安楽死させ、死体は解剖学実習に使い、四肢は整形外科の実習に使っています。動物数の削減に鋭意取り組み、映像教材、臓器のシリコン標本、シミュレーター、模型の利用を進めている」とあった。

直腸検査など繁殖学の実習では、「食肉解体場で処理された死体から生殖器を購入して事前の実習に使っている。牛を使う際は、一頭当たりの学生を二〜三人に制限し、同じ牛を使う実習は三日以上の間隔を設けている」と説明した。

動物の飼育方法について、ＡＡＡＬＡＣのルールは社会的な動物は群れ飼いを基本とし、「個別飼育は例外であり、実験の必要性または獣医学的観点に立つ正当な理由が必要で、必要最小限の期間に制限される」などとしている。安居院高志教授（実験動物学）は「相性の良い犬同士は同じケージで飼い、毎日三〇分は屋外の運動場で走らせています。牛のつなぎ飼いはしていません」と説明した。

飼育施設の見学を申し込んだところ、稲葉睦獣医学部長名で「バイオ・セーフティ、バイオ・セキュリティ並びに動物実験倫理の観点から、動物実験を用いた教育・研究に直接に関係しない方の立ち入りをお断りしております」と返答がきた。

一八年八月、同大獣医学部は札幌市動物管理センターと教育研究活動、動物福祉の推進を目指す連携協定を結んだ。札幌市によると、既に一七年から五年生の希望者と教員が動物管理センターで行う保護犬猫の不妊去勢手術の見学に来ている。今後、「同大でけがや病気の保護犬猫の診断、治療が行われる可能性は十分ある」（同市）という。

私は同年八月に札幌市にある動物管理センター福移支所を訪ねた。ここの犬猫は回復困難なけがや病気の犬猫以外は原則、全頭里親を探すことになっている。犬は天井の高い大きな部屋に一匹ずつ入っていた。暖房完備で、委託業者の職員が掃除、えさやり、散歩などの世話をして、犬もかわいがられているようだった。猫は、人慣れしている猫が多く、仲のいい猫は二、三匹一緒に飼われていた。中には片目がつぶれているなど状態の悪い猫もいた。担当の林明恵獣医師は「傷を消毒する程度はできますが、検査、診断するシステムがないため、積極的な治療はできません」と話した。「こういう犬猫が今後、北海道大で適切な診断と治療を受けられ、かつ臨床実習にもなれば意義ある教育になるだろうな」と私は心から思った。

「地域猫活動の利用を検討」——私立大学間で対応に差

ところで私立獣医大はどうなっているのか。情報公開制度の対象外である私立大学は実験計画を確認することができないため、私は前述した北里大以外の四大学に対し、実習や飼育方法について質問した。

麻布大学（神奈川県相模原市）は一七年四月、同大で取材に応じ、「外科実習では、卵巣と子宮の摘出、去勢、脾臓の摘出など生体を使用せざるをえない手技のみに犬を使っている。皮膚縫合、結さつ（血管などを縛って固定すること）は皮膚パッド、練習キットを使って事前に十分練習させている」と答えた。ただし「不妊去勢手術は近い将来、保護団体と協力して行えないか検討中」とした。猪俣智夫獣医学部教授は「私はボランティアの献身的な姿に感銘を受けています。大学側が不妊去勢手術、歯石除去、ワクチン接種などを実習として行えば、動物福祉の実践になり、ボランティアの負担を減らすこともできます」とした。さらに「海外の獣医大では実験犬の手術実習はほとんどしていないし、英国では保護犬猫の不妊去勢手術の実習をしている。日本でも実験動物を使うことに抵抗のある学生もいます」と語った。

私は猪俣教授の熱意に感銘を受けた。しかし、翌一八年七月にその後の状況を聞くと、「残念ながら保護犬猫の実習は実現していません」と反対意見があって断念した趣旨の返事があった。解剖については、「附属病院で死亡した犬を飼い主の了解を得て献体してもらえないか、今年度中にお願いする予定」という。

猪俣氏はさらに「まず参加型臨床実習の四分の一程度を外科学実習の単位に置き換えることができればと思っています」とも話した。そこで私は同大に参加型臨床実習の取材を申し込んだが、一七年一二月に同大から「実習に用いる犬については（取材の）対象外にしていただきたい」「学生への取材はできれば控えてほしい」「質問の内容によっては拒否ができるか確認させていただきたい」などの条件が提示されたため、取材はあきらめた。

犬の飼育状況については、現在一部を除き一匹飼いだが、「今年度に床面積が広い英米の基準を満たすケージを購入予定で、二〜三匹の群れ飼いが可能になる」と答えた。

牛、馬、豚などについては「社会で許容されるスペースを確保し、施設、個体とも清潔な管理を実践している」とだけ述べ、具体的なことは明らかにしなかった。一方、同大では牛、馬、豚を実習で使う前に、企業と共同開発したプラスチック製の等身大の牛、豚のレプリカモデルで直腸検査、妊娠診断などの練習をしている。このモデルは三年前から使っており、臓器の位置や診断法を学んだり、採血の練習、直腸検査などもできる。「レプリカで事前に練習しておけば、動物の負担軽減になります」(同大)。

酪農学園大は犬の利用について、「解剖学で三年に一度、犬を安楽死して冷凍保存し、教員が臓器、血管走行などの指導を行っています。三年間は同じ検体を使用しています」と回答。一八年八月に再度尋ねると、安全性試験などを行う会社から「犬の死体を購入する方式に変わった」という。この他、鎮静、注射・吸入麻酔、カテーテル採尿などで犬を使っているという。

模型など代替法の利用では、心肺蘇生の実習でマネキン、皮膚吻合、閉腹などの練習に動物の腹部を想定した模型、整形外科で骨の模型、「生産動物外科学」では「可能な限り、四肢など食肉解体場の材料を利用し、獣医学共用試験に合格した学生を対象に、付属動物医療センターの臨床症例で検査診断法を教えています」と答えた。

犬以外では、廃用牛や市場で購入した牛も安楽死させて解剖学に使ったり、生理学でカエル、ラット、モルモット、薬理学でマウスを安楽死させて使っていた。猫は獣医保健看護学類で「鎮静の実技実習に使用している」という。犬、猫、ウサギはすべて「一匹飼い」とした。

書面のみで回答した日本大生物資源科学部からは、「実験動物の削減に努めている」具体的なこととして、内科学で「犬型の縫いぐるみで保定の練習、食用鶏肉での注射の練習、臓器モデルでの腹腔鏡の生検法の練習など」、外科学で「結索縫合キット、皮膚縫合パッド、腸管吻合シミュレーションモデル」などを導入していると答えた。

解剖学実習については、「正常な体の緻密な構造を学ぶための適切な教材を得ることを目的として、犬を安楽死させて防腐処理した標本を作製している」と答えた。

侵襲的な実習に実験犬を使わない方針があるかどうかについては、「現時点では、卒業後の獣医師の質を保証するため、実践的な手術の理解や習得を目標とした教育的効果を考慮して実習を行っています」とした。実験犬は「一匹飼い」と回答があった

犬猫、マウスの施設を見学──帯広畜産大

一七年七月、北海道帯広市にある帯広畜産大の猫、犬、マウスの飼育施設を見学した。

猫は、米国の業者から購入した五匹が室内の天井まで届くほど高さがある大きなケージにいた。皆、突然の訪問者に驚いた様子で丸い目でこちらを凝視している。黒い猫、縞模様の猫、茶色い猫など、それぞれケージに備え付けられた高い棚や床にいた。毛並みはよく、適度に太っている。猫トイレは二つあり、排泄物の掃除は毎日しているという。ケージの中に爪研ぎらしきものが置いてあった。職員は「皆仲はいい。人懐こくて、私がケージ内に入ると足にすり寄って甘えてきます」と話した。五匹はすべて雄で去勢済み、年齢は一〇歳以上。あの子たちが家猫として幸せな老後を過ごせることを願ってる。

ただしケージの中に猫が隠れられるようなスペースはなく、ごろんと横になるような、ふわふわした猫ベッドはもちろんない。一匹飼いの狭いケージに一日中入れられっぱなしの施設に比べれば、こ

5匹の猫を1つの大きなケージで群れ飼い＝帯広畜産大（撮影・森映子）

の施設ははるかに清潔で環境はいいのだが、無機質な感じは否めない。何より窓がない。猫はひなたぼっこが大好きだ。日差しが入り、外の景色を眺められたらいいのに……。実験動物だから仕方ないのか……。悲しい思いが胸をよぎった。

猫は何の実験に使っているのか聞いたところ、「今は、動物病院に来るペットの輸血用として使っています」（鈴木宏志教授・実験動物施設管理室長）とのこと。しかし一〇歳は供血猫としてリタイヤする年齢だ。もう解放してあげてもいいのでは。鈴木氏によると、「供血用として使わなくなったら、病院の看護師がペットとして飼う予定」という。

マウスの部屋にも入った。ケージから少し離れた所で見学したのではっきり見えなかったが、ラック数段にプラスチック製のケージが並び、各ケージに白いマウスが二〜三匹いた。「繁殖中」ということだった。ケージには給水瓶が付き、床敷のようなチップが敷かれていた。清掃は行き届いているようで、全体的に清潔で臭気はなかった。

最後に犬舎。私たちが入室すると一瞬の間の後、一〇数匹が一斉にワンワン吠え出した。ケージは一匹用で長方形の個室になっており、高さは天井まであるので、犬はジャンプができる。床の半分に暖房が入っており、犬は自由に冷たい床と温かい床を行き来できる構造にしてある。ほとんどの犬はビーグル犬で、「構って欲しい」と言わんばかりに吠え続けていたり、ぐるぐる回ったりしていた。じっとこちらを見るだけで反応があまりない犬、横たわったままになっている犬もいた。

「昔は屋外飼育で、冬は凍死する犬もいた」（鈴木教授）が、数年前に床暖房付きの犬舎が新設された。ところが、その三、四年後に「他の施設建設のために取り壊しになり、古い建物を改修したのが今の施設。床暖房、シャンプー台、診察台など基本的な設備は維持しました。しかしケージの柵が木製なので頻繁に修理が必要な上、糞尿の臭いが取れないなどの問題がありますが、予算不足でスチール製に変えられません」。

犬舎は「職員が朝九時から夕方四時まで三六五日、世話と管理をしています」という。ただし、犬はそれぞれ実験を担当する「ユーザー」の研究者が管理することになっており、「各ユーザーに『毎日一～二回は犬と接してほしい』とお願いし、散歩していいことになっている。職員はかわいがってくれています」と鈴木氏。犬舎には屋外に小さなドッグランも付いているが、「私の研究室で管理している犬は遊ばせていますが、全体的に使用頻度は高くない」という。

後日、鈴木教授と石川透教授・獣医学ユニット長に「研究者任せだと、散歩をしてくれる人としな

床暖房付きの犬舎＝帯広畜産大（撮影・森映子）

い人がいるかと思われます。せっかく素敵なドッグランがあるので、毎日全頭三〇分程度ドッグランに出してあげることは難しいでしょうか。犬のストレスが軽減されると思うのですが」とメールしたところ、「定期的な運動は好ましいと思っており、推奨しております。管理する側で運動を提供することは可能ではありますが、やはり動物の所有者である研究者が動物と接する機会（散歩も含め）を多く持って頂くよう指導していきたいと思っております」と返事がきた。

しかし、三六五日世話をする職員を付けているのだから、管理する側の責任として全頭を短時間でもドッグランで遊ばせてやることが動物福祉を実践することではないのか……。見学を拒んだ他大学に比べれば、帯広畜産大は情報公開に前向きだ。飼育施設も国内の施設としては環境エンリッチメント（動物の生態、習性、年齢などをふまえて生活環境を改善すること）、衛生管理、職員の配置など動物福祉に配慮している方だと思うだけにもどかしさを感じた。

獣医学教育に関しては、同大は保護犬猫の健康管理を学ぶシェルターメディシン教育の導入を目指し、一七年度に十勝総合振興局（帯広市）と協定を結び、保護猫五匹の不妊去勢手術を試験的に実施した。ボランティアの学生は「非常に強い関心を持って手伝った」という。実習としてカリキュラムに取り込む時期についてては「わずか五匹の実績であり、今後増えていくかどうかについてはまだ分からず、導入時期は未定です」としている。

一方、同大の一三年の解剖学の動物実験計画では、ニワトリ（ひよこ含む）七五匹、馬二頭、牛三頭、豚二匹、犬一六匹を使用していた。実験方法は「開腹、開胸、開頭によって各種臓器を取り出し、観察する。犬は解剖終了後、骨格標本を作製し、実習教材として役立てる」とあった。

同大から事前に得た文書には、「参加型臨床実習での教育を増やす、模型を最大限生かすなどして、実習の動物の数を減らしていくことを今後も検討してまいります」とあったため、「一七年度から開腹・開胸手術や解剖など侵襲的な実習は止めるのでしょうか」と聞いたところ、「同じように行う予定」という。

石川教授は「不妊去勢手術と体の中を知ることは全く別のこと。手術で卵巣、精巣は見れるかもしれないが、他の臓器、組織は見れません。それで教育効果が担保できるのか……」と話した。そして「シミュレーター、模型など高価でも良い物があれば、何とか予算化するよう検討していきたいとは思っています。代替法の体制が整い、手術や解剖をやらなくて済むならベストですが、予算が乏しい中では購入することもままならない。全部代替するのは難しい。実習に使う動物の数は３Ｒの原則※を守りながら決めています」と語った。

※3Rの原則　Replacement（代替）：「できる限り動物実験の代わりになる方法を利用すること」、Reduction（削減）：「できる限り実験動物の数を少なくすること」、Refinement（苦痛の軽減）：「できる限り実験動物に苦痛を与えないこと」の三つの頭文字を意味する。

また石川教授、鈴木教授は「欧州では患畜を使っての臨床実習が充実していますが、日本は飼い主の考え方もあるだろうし、まだ時間がかかりそうです。今は模索している段階」とも説明した。

解剖学で生体を使う代わりに「動物病院から献体を募る方法はどうですか。医学部は献体を使っていますよね」と尋ねると、「医学部の献体は故人の意思ですが、犬の献体は違うから（飼い主の判断であり、犬の意思によって提供されるわけではない）」（鈴木教授）と思いもかけない答えが返ってきた。

しかしながら、一八年六月に改めて犬の実習について質問したところ、「今年度からは、包帯やギブスを巻き付ける処置、麻酔の練習はやりますが、開腹、開胸といった侵襲性ある手術は行わないことにしました」と回答があった。

犬はドッグランで毎日二回遊ばせる――鹿児島大

鹿児島大共同獣医学部は共通のカリキュラムで教育を行っている山口大と共に、国際的な評価を得るため、第三者評価機関である欧州獣医学教育機関協会（ＥＡＥＶＥ）の認証取得を目指している。

一五年九月には総合動物実験施設を新設した。建物は鉄筋コンクリート造り六階建て、延べ床面積は約三〇〇〇平方メートル。一七年六月にはＡＡＡＬＡＣ認証も取得した。飼育室内への吸排気は、外気はフィルターを通して給気し、室内の空気は脱臭してから屋外に排出。温度と湿度は、セントラル空調方式と各飼育室の個別空調方式を組み合わせて管理されている。

一八年四月に訪問した時は、新学期が始まったばかりということもあり、施設にはマウスと犬だけが飼われていた。飼育エリアは一〜四階。まず四階のげっ歯類のフロアに備え付けの白衣、キャップ、マスク、長靴を身に付けて入室。部屋は前室と飼育室に分けられ、前室には動物実験計画と飼育記録ファイルが置いてあった。選任獣医師の浅野淳教授（実験動物学）は「実験計画は、研究者、獣医師らがどういう実験が行われているか把握するために置いてある。飼育記録ファイルには獣医師、技能補佐員（飼育担当者）、実験をする人それぞれがサインする欄があり、三者が動物に異常がないか確認しています」と説明した。飼育室ドアには、利用者の啓蒙のためにマウスの表情や耳の動きで苦痛、不快の程度を写真で示した表が掲示されていた。

飼育室の各ケージには、体長一〇センチ余りの白いマウスが、それぞれ三匹ずつ入り、せわしなく動き回ったり、互いになめあったりしていた。「一匹当たりの体重で何匹入れられるか、ＡＡＡＬＡＣの基準で決まっています」と浅野教授。ケージには紙片を圧縮させたようなチップが敷かれ、一匹がプラスチックのトンネルの中で寝ていた。「マウスは、この床敷をほぐして遊んだり、隠れたり、

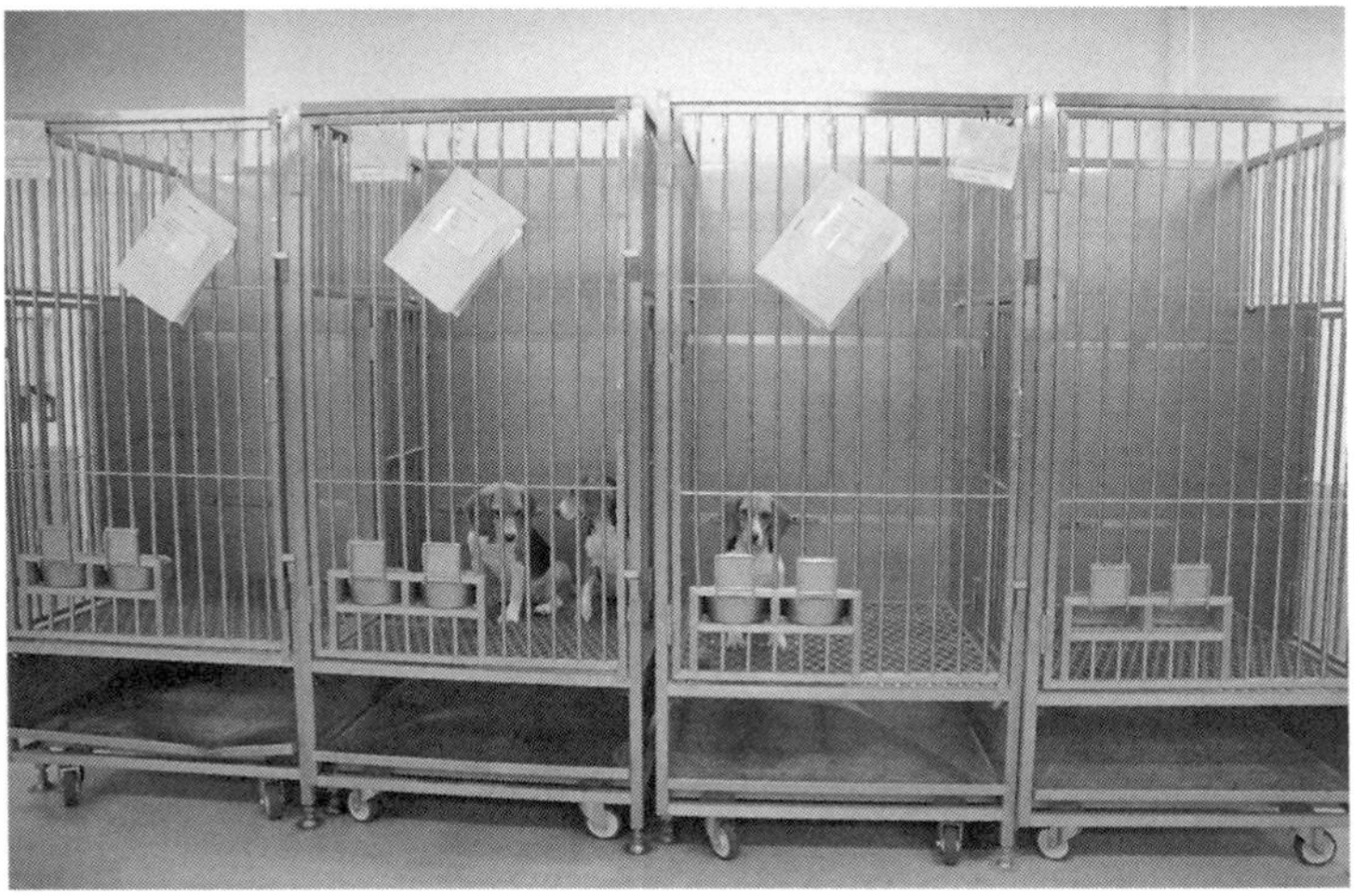

相性のいい犬同士はペアで過ごしている＝鹿児島大で（撮影・森映子）

巣作りをしたりします。尿を吸い込む機能もあります」（浅野教授）。このマウスは実験動物学の実習で、採血、保定の練習に使い、安楽死処分して解剖するという。手のひらに収まるサイズのねずみたちは淡いピンク色を帯びて美しく、ひくひくと鼻を動かしていた。「マウス」という「実験材料」として認識されているが、小さな体で懸命に生きている様子を見ると何とも切ない気持ちが込み上げてきた。

二階の飼育室には実習用の五匹の犬がいた。高さ二メートル、床面積七七平方センチメートルのケージを連結させ、いくつかは仕切りを外して、複数で過ごせるようになっている。遊ぶためのボールも置いてあった。「社会的な動物は原則群れ飼い」とするＡＡＡＬＡＣの基準に従い、相性のいい犬同士は一日中一緒に過ごしている。五匹のうち一匹だけは「けんかが弱くて、いじめられてしまう」（浅野教授）ため、個別に飼われていた。ただし全頭が毎日、朝

実験犬用のドッグラン＝鹿児島大で（撮影・森映子）

夕各三〇分間、屋外にあるドッグランで一緒に遊ばせて、犬同士の触れ合いは欠かさず行っている。「犬をなでてかわいがり、散歩も欠かさずストレスを発散させているので、絶えず泣き叫んだり、ぐるぐる回ったり、ジャンプし続けたりといった異常な行動はなく、おとなしいですよ」と黒澤努客員教授（実験動物学）は説明した。ケージの床は、穴が空いた柔らかなゴム製なので肉球にも優しい。「一般的な金網のケージで長期間過ごすと、体の重みで指が網に押し付けられ、指の間が化膿する指間膿瘍になることがありますが、ゴム製だと予防することができます」と浅野教授。毛並みもよく、手を出したらすっと近づいてきて人懐こい。この犬は保定、採血、皮膚の一部を採取して皮膚病の検査をするなどの実習に使われるという。片側には、実験中など合理的に個別飼いが必要な一匹用のケージも並んでいた。

犬たちは私たちが部屋に入ると、さっとおとなしくなり、「遊んでくれるのかな」「構ってくれるのかな」とでも言いたげな眼差しをこちらに向けた。この犬は実験動物関連の企業から譲渡されたという。実習に使った後、この子たちはどうなるのだろうか。大学に聞くと、「別の実習の実験で使うので、そのまま継続して飼育する」とのこと。「最後は殺さずに、一般家庭にもらわれて幸せな余生を送ってほしい……」。そんな思いをぐっと飲みこんだ。

猫は、一畳ほどの部屋に一つずつピンク色のキャットタワーが置いてあった。実験中の一匹用のケージも並んでいた。「実験中をのぞき、健康な猫は群れ飼育が基本です」と浅野教授。一部屋当たりの収容数の基準は「体重四キロ未満の猫は一〇匹まで、四キロ以上は七匹まで」ということだが、「この部屋に最大七〜一〇匹は多すぎるのでは。生後間もない子猫で親や兄弟姉妹同士の触れ合いが大事な時ならまだしも、成猫ならストレスを感じますよ」と問うと、「これは科学的根拠に基づいたルールであり、また最大の数であって、必ずこの数を入れる、というわけではありません。相性が悪ければ、他の部屋に移すなど、獣医師が判断します」と浅野教授は答えた。

一方で、「昨年度の猫の使用実績はほとんどなかった」とも。「猫は何の実験に使いますか」と尋ねると、「昔は脳神経の研究でよく使っていたらしいと聞いています」と浅野教授。

すると黒澤教授が「猫は歴史的に脳神経の研究に使っていた。脳の地図とかものすごくはっきりしているわけ。何か観察する時、測定器を入れるとどこに何を入れたか分かる。僕が（准教授として）務めた阪大の施設、昔は猫のコロニーで最大三〇〇匹いました」と話し出した。

「何年ぐらい前の話ですか」と聞くと、「僕は阪大辞めて五年経つからね……。保健所の払い下げの猫を使えなくなってきたので、僕が『やがて猫はなくなってしまう。自家繁殖したほうがいい』と助言した。国内で猫を販売する所はないから、アメリカから輸入するしかなくなる。そんなことするぐらいなら、自分たちで作ったほうがいいと。雄が一匹いて、どんどん子どもが生まれるハーレム。脳神経の実験はほとんど終末試験で、ある一定の期間使った後は脳がどうなっているのか実際に解剖していた。うちの猫はすごいいい猫でしたよ。僕は研究者に『自分が猫に寄っていって、逃げられるようならだめ。必ず猫をなでてやってください』と教育した。みな『よし、よし』となでるようになって、猫はにゃー、にゃーと寄ってきましたよ。そういう環境で研究したら、いいデータが生理学会、神経学会でバリバリ出て、海外と同等ぐらいまでやった。他の大学は保健所の猫に頼っていたから。日本の脳の研究は猫がいなくなって衰退してしまいました」。

一階は牛、馬などの大動物の飼育室。等身大の牛とブタの模型が置いてあった。胴体部分の蓋を開けて臓器の位置などを確認したり、妊娠の状態をみたり、生きている動物を使う前に使われる。フロアは一学年三〇人の学生が同時に実習できる広いスペースで、床と壁は動物がけがをしないよう、ゴム素材が使われている。実験牛は一般的につなぎ飼いが多いが、ここでは自由に動ける。牛についても他の動物と同様に一匹の体重当たりの床面積が決まっている。

馬の飼育にも気を使い、ドアの上部は顔を出せるように空いていた。「馬は人がすごく好きですから、こうして窓を付けて、人と触れ合えるようにしてます」（浅野教授）。

一方で、群れ飼いが原則だが、牛や馬を一匹しか使わない実験の場合は、「使用者（研究者）が動物実験計画に積極的に牛と触れ合ったり、屋外にある小さなパドックに連れていってストレスを減らしてあげたり、動物福祉に配慮する措置を取ることを明記すれば、動物実験委員会として承認することはあります」と浅野教授。

各階の壁には、動物を乱暴に扱う、健康チェックや術後の鎮痛など適切な処置をしない、ケージの掃除をしないなど動物福祉に反する行為があった場合の通報窓口に関する案内が貼ってあった。「通報する電子メールは、選任獣医師である私、動物実験委員会の委員長、学部長の三人に届き、通報者の匿名性を保ちながら調査を行い、必要な指導や改善を行います」。

犬の開腹・開胸手術による実習は一七年度から行わず、模型、シミュレーター、映像などによる学習など、生体に代わる教材も積極的に使っているという。

一方で、犬、牛、馬、ブタ、ニワトリの解剖について同大は、「代替手段がないため、今年度は行う予定。ただし、大きな動物の使用数を減らす方法を検討している」とする。「解剖学で生体は絶対必要という考えですか」と聞くと、浅野教授は「正常な臓器がどこにあるのか知っておかないと治療の時に困る。その意味でさまざまな動物を解剖し、位置関係とか大きさとか確認するのが重要。それが別の物に置き換わるのであれば、やぶさかではない」と答えた。

「今の段階で代替は難しいのはどういう授業ですか」と尋ねると、「心拍や血圧が上がるとかの反応を見るものはすべて代替でやるのは難しい。もしすべてシミュレートできるものがご存じだったら教えてほしい」と浅野教授。「それはビデオではだめですか。生を見ないとだめなんですか」と問うと、「うぅ」と押し黙った。

動物モデルを寄付でそろえ――山口大

一八年九月、山口大共同獣医学部（山口市）を訪ねた。同大が鹿児島大と共に認証取得を目指しているEAEVEは、カリキュラム、財政、設備など一三の審査項目の中でも「動物福祉を非常に重視しています」と佐藤晃一学部長。一九年に最終視察を受け、同年一一月に結果が出る見通しだ。

共同獣医学部の一六～二一年度計画の方針は、侵襲性の高い動物の実習は原則行わない「ゼロ・プロジェクト」。同大は学生が動物モデルで注射、麻酔などさまざまな練習ができる学習室「クリニカル・スキルラボ」を開設。精密なモデルは高価なため、一八年一～三月にクラウドファンディングで一八〇人から総額約四七〇万円の寄付を集めた。その結果、馬と犬のモデルを購入することができた。

クリニカルスキルラボにある等身大の馬モデルは筋肉内注射、採血の練習ができる。盲腸、結腸、脾臓などの臓器もあった。佐々木直樹教授（大動物臨床学）は「血管を拍動させたり、盲腸を脹らませてガスが溜まった状態などを触りながら学んだり、腹部疾患による腹水の採取も練習したりできます」と説明。足にも骨が入っており、レントゲン撮影もできる。「本物の馬で撮影すると、馬が怖が

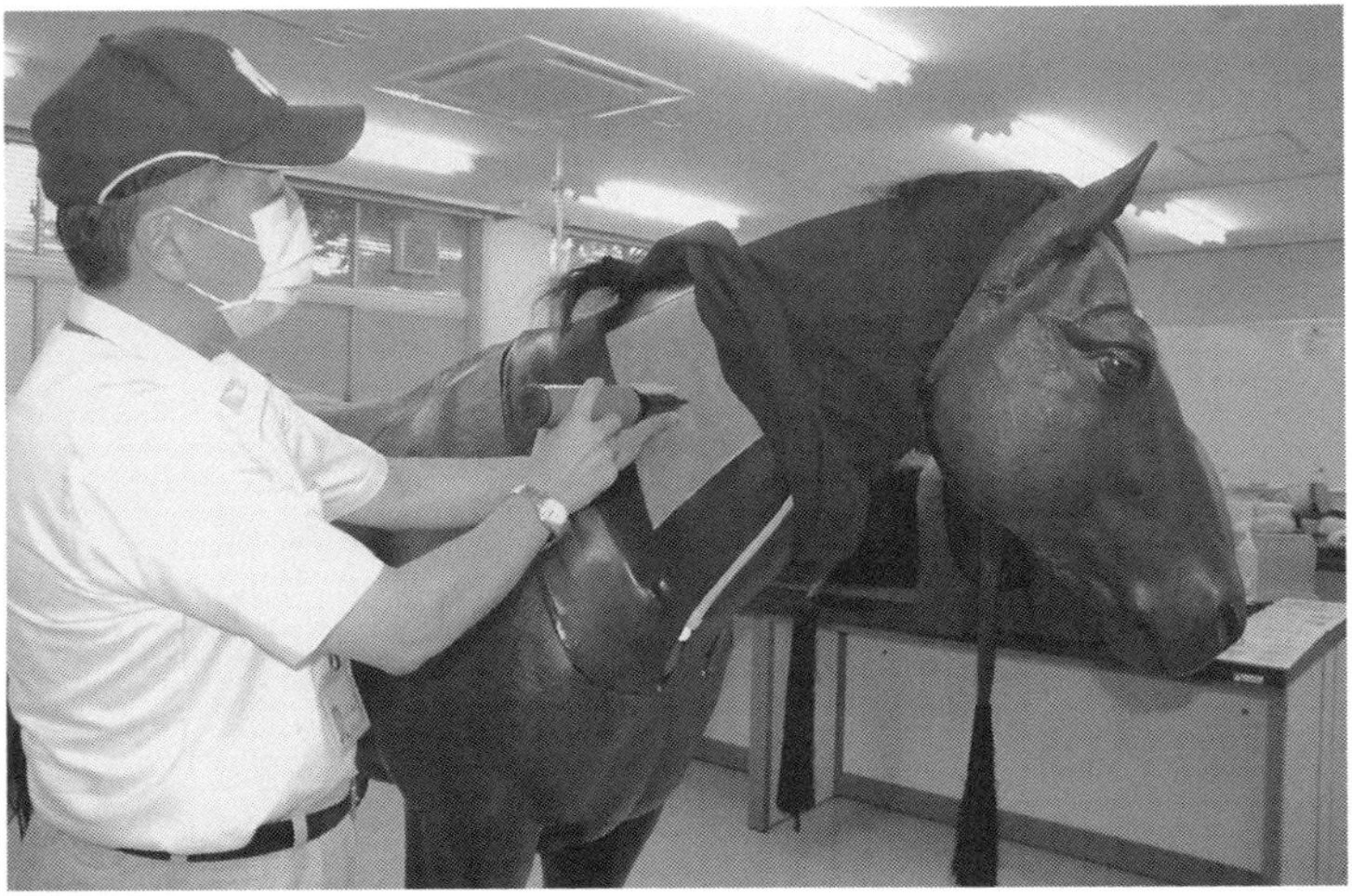

等身大の馬モデル。注射の練習もできる＝山口大で（撮影・森映子）

りますが、模型だと何度も練習することができます」。牛モデルも人工授精の方法や妊娠の判定法を学ぶ他、五〇キロの胎児モデルを使って難産の様子を再現し、分娩の介助を練習できる。

犬の模型は、吸入麻酔ガスが確実に気管に入るように練習する気管挿管モデル、心肺蘇生モデル、採血・点滴の練習をする血管シミュレーター、胃と十二指腸の内視鏡操作の練習をするものなどもあった。シリコン製の牛と馬はカナダ製、犬は米国製で、多くはシリコン製で適度に柔らかくよく出来ていた。「学生は動物モデルで十分練習した後、五年生の前期に共用試験を受け、三〇人全員が合格しました。後期は県農業共済組合などの農場で牛を触って学びます」と佐々木教授。

犬、牛、馬のモデルは一通りそろった。しかし、薬理学、生理学、実験動物学の実習では今も、マウス、ラット、カエルを使い続けている。佐藤学部長

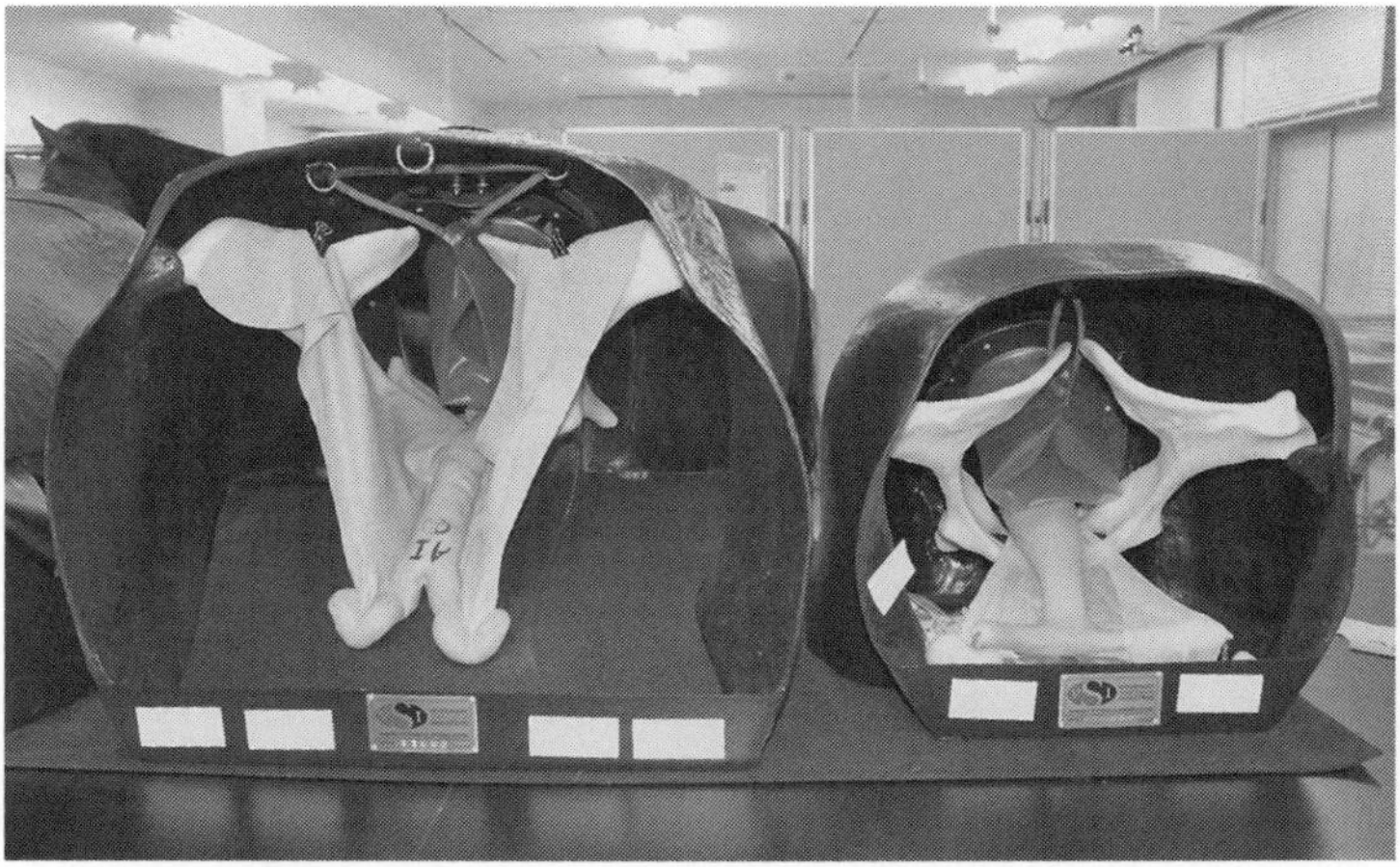

人工授精や妊娠判定を練習する模型。牛（左）と馬＝山口大で（撮影・森映子）

は「以前は年間二〇〇～三〇〇匹ぐらい使っていましたが、今は半分程度まで減らしました。今後はマウス、ラットもモデルを購入し、教育効果を検証して、本物で全くやらなくていいのか、担当教員と相談しながら考えていきます」と説明した。

一方、EAEVE認証で求められるのが「犬、鶏、牛、馬、豚の主要五種類の動物の解剖」（佐藤学部長）という。そのため、鶏、牛、馬、豚については病気、発育不良、骨折などで産業動物として使えない動物を解剖している。犬は実験動物を扱う業者から購入した死骸を使っているが、「できれば死骸ではなく、亡くなったペットを飼い主さんから譲って頂きたい」（同）。そこで一七年度から山口市内で死んだ飼い犬の「献体」をお願いする「山口大学教育メモリアルプログラム」を始めた。協力を依頼するパンフレットには「医学部が教育のために人間のご遺体を使うように、獣医学部では病理解剖を

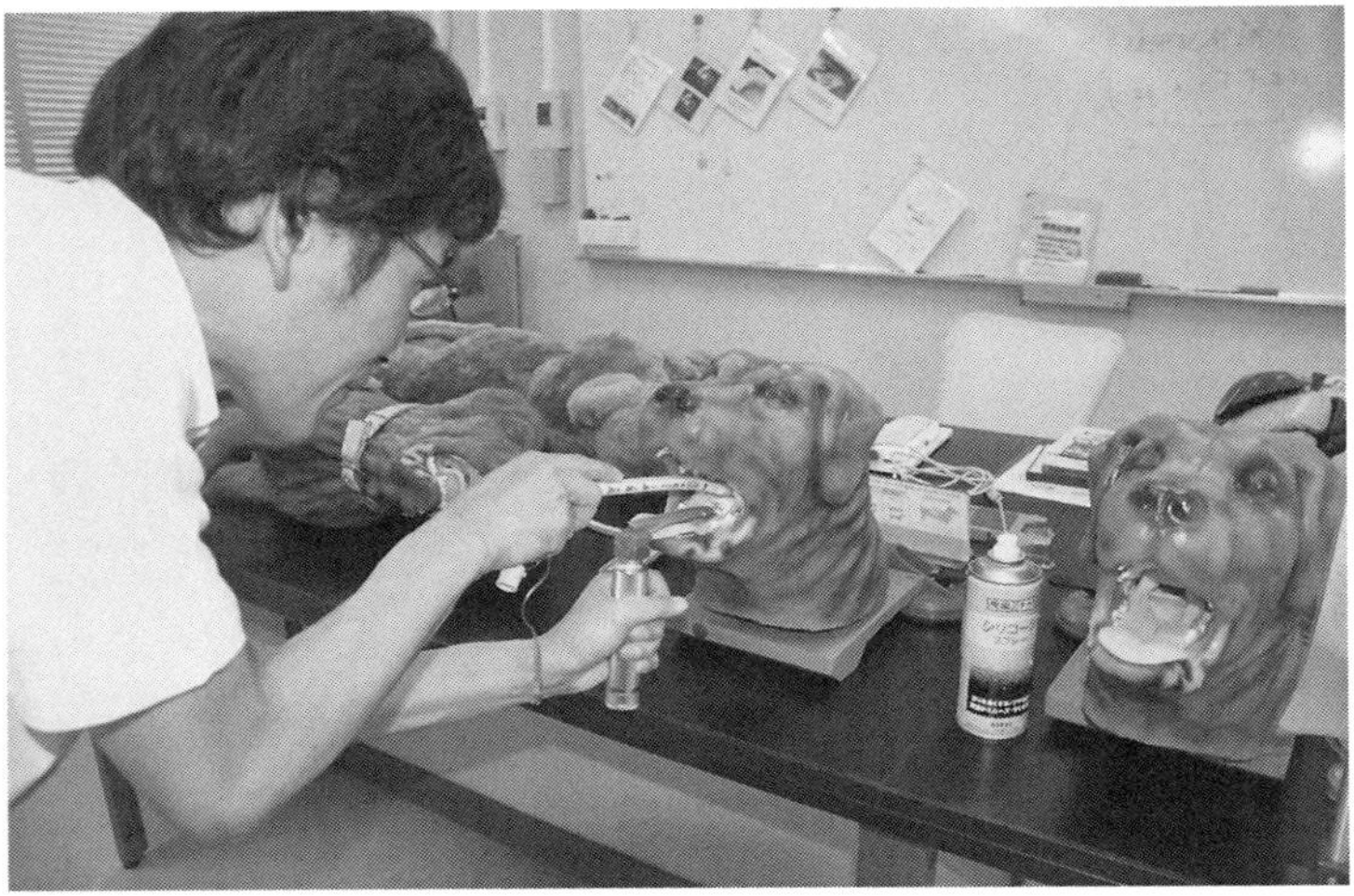

気管挿管の練習ができる犬モデル＝山口大で（撮影・森映子）

学習するために動物のご遺体を使います」と記されている。ただし、現段階では「なかなか難しい。欧米ではすごく集まるのですが日本では進まない。献体の必要性について、一般の理解を得ていきたい」としている。

　このように同大は侵襲的な実習を代替法に置き換えつつ、臨床実習に力を入れ始めている。ＥＡＥＶＥも卒業時に最低限必要な能力と技術を求めている。そこで、県内で一定の実績がある民間の動物病院で学生が臨床経験を積む実習を一七年度から始めた。

　一六年度から保護猫の不妊去勢手術の実習も続けている。一八年からスタートした学生の自主的な活動「山大にゃんこ大作戦」では、学生がキャンパス内にいる猫の個体数などを調査しており、いずれはシェルター・メディシン教育も視野に入れている。

　山口大は一八年五月にマウス、ラット、モルモットなどを飼育している「先端実験動物学研究施設」についてＡＡＡＬＡＣ認証も取得した。しかし、わたしが訪れた当日は「動物を見せることはできません」と飼育室は見学できず、学生がマウス、ラットの解剖などをする実習室や検査機器だけを見せられた。これは残念だった。

犬以外の動物は……基礎系の実習に課題

一六の獣医大の中で飼育施設を見学できたのは二大学、参加型臨床実習を見れたのは一大学だけ。取り組みが遅れている大学ほど明確な返事は返ってこず、生体を使う実習については大学間でかなり考え方に温度差があることが分かった。

獣医大全体としての考え方はどうなのか。一七年一二月に東京大で開かれた、全国大学獣医学関係代表者協議会と公益社団法人日本獣医学会が主催するシンポジウム「獣医師の社会的役割と、その教育の今」を聞きに行った。最後の質疑応答で、同協会長の稲葉睦北海道大大学院教授は生体実習について「世界的に生命尊重の流れは当たり前。参加型臨床実習と生きた動物を利用しないことは表裏一体です。実習での生体利用は可能な限り減らす方針で、全国の大学の共通理解だと思っている。そのために何ができるか、今具体的な取り組みを進めています」と話した。しかし、参加者からの「生体を使わず臨床実習に力を入れている大学があるなら、教えてほしい」という質問には具体的に答えなかった。

シンポの後、私は稲葉会長に協議会で現段階でどの程度まで生体実習についての話し合いが行われているのか聞いた。

——協議会の中での生体利用を無くしていくという話し合いは「難しいよ」と言われたが？

稲葉氏　基本的にみんな「生きた動物を使わないようにしよう」と考えている。その分、患者さんの動物を臨床で使わせてもらおうと。

——実習の今後について、いくつかの大学は「協議会の方針待ち」と言います。しかし協議会というのは何か強制力のある道筋を決めて、加盟する大学がそれに従うというものではないですよね？教育内容は各大学の自主的な考え方に沿って決めるものでしょう？

稲葉氏　大学によっては「こういう風にやろう」という方針を打ち出せない所がある。協議会で決めてもらって「従います」という所もあります。協議会は獣医大に「こうしなさい」とは言いません。ただし獣医学教育の共通部分の合意は行う。一六大学のいろんな分野の代表者で話し合い、各大学で持ち帰って話をするようにお願いはしています。「難しい」と言ったのは、犬猫は病院の臨床で使えばよく、その分生体実習は減らす。これは簡単にできて合意している。牛、馬などのマネキン利用も。保護犬猫の不妊去勢手術の話もしています。ただし代替法はどこまでできますか。器材をそろえるのにお金がかかります。これは大学によって違う。また、いわゆる基礎系の実習の動物。生理学の動物はどうしましょうか。一、二回会議やって決まりました、という風にならない。

いきなりできません。

――生理学の教員は生体を使うことにこだわりがあるように感じます。

稲葉氏　生理学の先生はこだわりはあるでしょう。その辺はちゃんと話をしますよ。

以上稲葉会長の発言からすると、犬の侵襲的な実習はやめていこう、という獣医大全体の合意はできている。しかし、マウス、ラット、カエルなどを傷付ける実習についてはまだ合意どころか、話し合いもあまりできていないようだった。それに牛、馬、羊、ニワトリなどを解剖している大学もある。今後は犬以外の動物の侵襲的な実習についても最終的に無くしていくことができるのか、大学の取り組みを注視する必要がある。

ところで、一八年四月に岡山理科大獣医学部（愛媛県今治市）が開学した。同学部を運営するのは、安倍晋三首相の友人、加計孝太郎氏が理事長を務める学校法人「加計学園」（岡山市）。学部新設は国家戦略特区を使った規制緩和によって実現したが、行政手続きで首相官邸が関与した疑惑が指摘され、大きな政治問題に発展した。

岡山理科大のホームページには文科省に提出した獣医学部新設計画が掲載されていた。同計画によると、「小動物外科学実習」では犬を使い、「血管確保、カテーテル留置、気管挿管、皮膚切開・縫合、腸管縫合、骨折整復などの処置・手技などは基本的にＤＶＤ画像による提示とシミュレーターを用いて習得させ、必要であれば生体を用いる」、使用数は「一六匹」とある。

「解剖学実習」で使う動物は、「犬、ブタ、牛、ニワトリを対象とする」とある。牛は廃用牛を使う。当初学園が文科省に出していた計画では牛の解剖はなかったのだが、計画内容を審査した文部科学相の諮問機関である大学設置・学校法人審議会が「公共獣医事分野の獣医師に必要な牛の解剖がないため、授業内容を改めること」と是正意見（直さないと認可されない）を出したため、学園側は新たに牛の解剖を実施することに変えた。せっかく牛の解剖をやらない方針だったのに残念なことである。

また大学設置審が一七年一一月に学部新設を認める答申を文科相にした際、文科省の会見で明らかにされた資料には、飼育予定の動物として「ウサギ一二匹、猫一〇匹、犬六匹、ブタ三匹、マーモセット九匹、カニクイザル四匹」という記述があった。

一八年五月、吉川泰弘獣医学部長に対して質問状を送ったところ、書面で返答があった。小動物の外科実習は、「犬の不妊去勢手術以外に動物を使用した手術実習を行う予定はありません」と回答。愛媛県内の動物愛護センターなどと連携した保護犬猫の手術については、「そのような実習を実施したい思いはありますが、現時点で具体的な構想はありません」とした。

飼い方は「社会性のある動物は基本的に群れ飼いをします。感染実験のように研究内容によっては個別飼育を行わなければならない場合がありますが、その際も実験開始までは個別ケージをグループケージに連結できるシステムを導入し、環境エンリッチメントに配慮してストレス排除を心掛けます」とした。

「ホームページに『屋外運動場を作る』とありましたが、犬、ブタ、サルは毎日何分ぐらい外で運動させる予定ですか」と聞いたところ、「サルはバイオセーフティの観点から屋外運動場は設けていません。運動場への放し飼いは実験内容により変わりますが、一日三〇分程度と考えています」と屋内であると回答。犬とブタの「運動場」が室内なのか屋外なのか再度聞いたが、明確な答えは返ってこなかった。また解剖学実習で犬についてだけ生体を使うのか否か記述がなかったので、一八年一一月に改めて同大に「犬は生体、あるいは業者から購入した死骸を使うのか」と質問したが、回答はなかった。実験動物施設の見学は断られた。

実験犬「しょうゆ」がペットに

もやもやした気持ちになることが多い獣医大の取材の中で、嬉しい出来事があった。酪農学園大で一八年五月、元実験犬がペットとして譲渡されたのだ。

私は八月に同大を訪れた。雌のビーグル犬「しょうゆ」を譲り受けたのは、獣医学類に所属する六年生の三宅史さん（二三歳）。しょうゆは身体検査、麻酔などの実習に使われ、三宅さんは四年から世話係として、シャンプー、爪切り、散歩などをしてきた。「しょうゆはフレンドリーで、散歩も大好き。五年だった三月、高齢のため実習犬としての役目を終えて実験に回されると知り、絶望的な気持ちになりました。『せめて毎日散歩に連れ出し、少しでも幸せにしてあげよう』と思った。でも、元気に走っているしょうゆを見ていると、『私にできることは何でもやらなければ』という気持ちに変わった」。翌日さっそく、所属研究室の教員に引き取りを願い出た。教員は「無理だ。よくそういうことを学生から言われるけれど」と断られたが、あきらめず、さまざまな教員に「しょうゆには思い入れがあり、実験に使われたら精神的なダメージは大きい」と訴えた。

当時しょうゆは、犬の病気などの実験に使う一匹として動物実験委員会で実験計画が審査中で、「間もなく承認される予定だったから、譲渡は難しい状況だった」（大杉剛生教授・動物実験委員会委員長）。一方、委員の一人の高橋優子准教授（獣医倫理学）は「自分が世話をした犬には感情的なつながりができてしまう。引き取りたいと申し出ている学生がいるのにその犬を実験に使ってしまうことには疑問を感じる」と発言。

そこで実験委は実験責任者である山下和人教授に使用数を減らすよう提案。山下教授は「かなりシビアな実験をする予定でした。数を減らすことで、きちんとしたデータが出なければ、犬に負担がかかり、痛めつけることになるので、実験委と相談した上で一匹減らすことを決めました」と説明した。

大杉教授は「我々の世代は、実験動物は最後まで使って安楽死させると教え込まれてきた。犬は大学が購入したもので、本来は実験に回すのが先。ただし、酪農学園大はキリスト教に基づく建学精神を持っており、今回は高橋准教授の意見、世の中の動物福祉の流れなど総合的に考えて、譲渡を決め

ドッグランで生き生きとしている「しょうゆ」
＝北海道内で（撮影・森映子）

ました」と述べた。譲渡の制度は作らないが、今後、相談があればその都度対応するという。

　こうした事例での正式な発表は「酪農学園大が初めてでは」と大杉教授。環境省の実験動物の飼養保管と苦痛軽減の基準に安楽死の定めはあるが、譲渡については触れていない。実験動物の里親探しを積極的にやっている施設は非常に少ないと見られる。

　一方、欧米では製薬企業などが行っており、珍しいことではない。実験に使われた犬、猫、ウサギ、ブタなどを救い、里親を探す市民活動もある。一〇年改定のEUの実験動物保護指令には「使用後、あるいは使用する予定の実験動物については、動物の健康と福祉、公衆衛生と環境への影響に配慮した上で譲渡、適切な生息地への返還を許可する」と明記されている。医学の研究推進を図る非政府組織「国際医学団体協議会」（CIOMS）の実験動物の国際原則にも同様の規定がある。

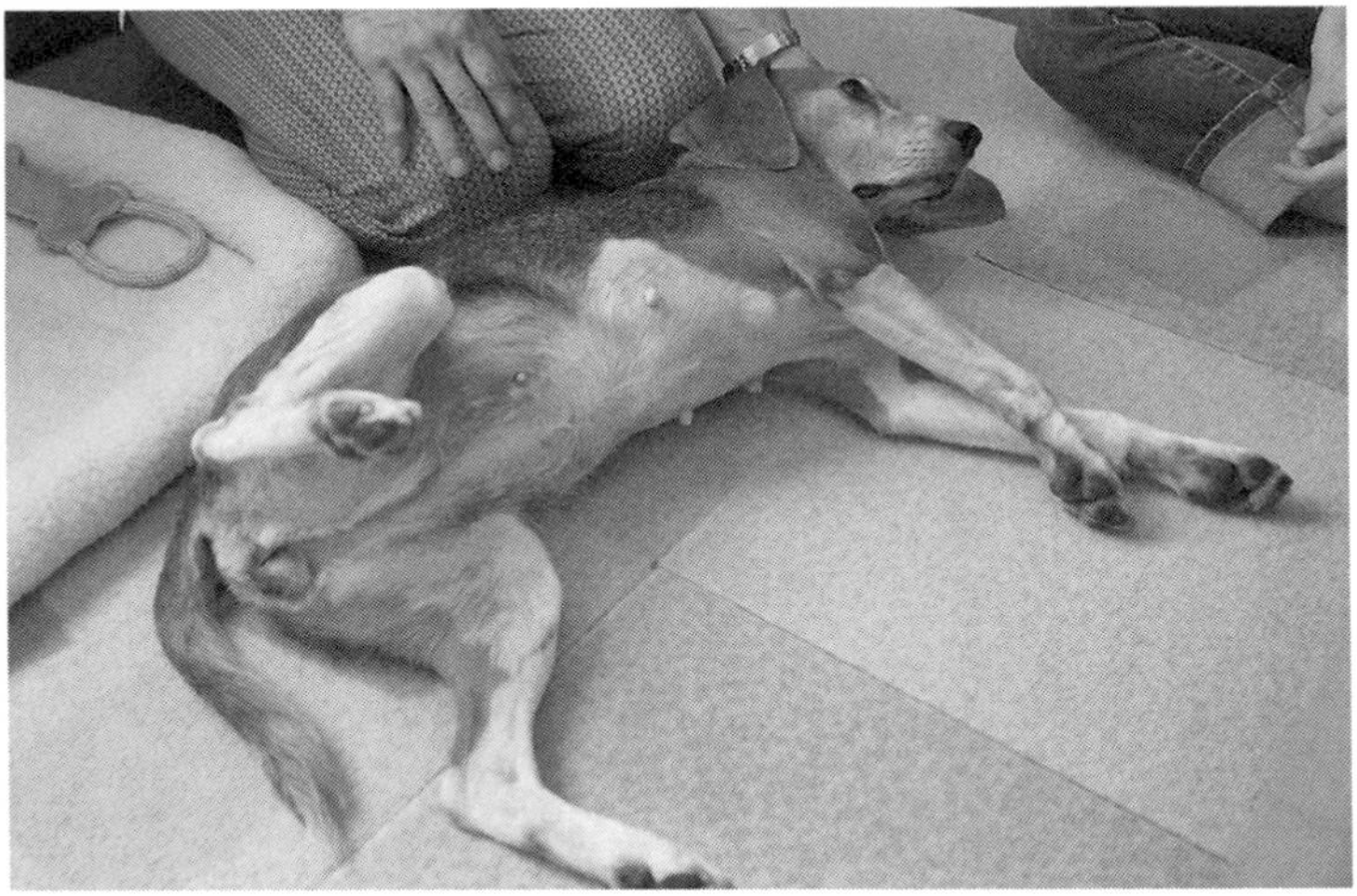

自宅でリラックスして甘える「しょうゆ」＝北海道内で（撮影・森映子）

実験動物の輸入販売会社「マーシャル・バイオリソーシス・ジャパン」（茨城県つくば市）の安倍宏明副社長は欧米の取り組みを知り、一六年から元実験犬の里親探しを始めた。安倍さんが顧客の製薬企業から犬を預かり、引受先を募っている。「医療機器を埋め込むなど侵襲性の高い実験、解剖が必須となっている実験などは安楽死させる必要がありますが、必ずしも処分する必要のない実験もあります。健康面などで問題がなければ、家庭犬として幸せに暮らせます。譲渡できれば、安楽死に関わる研究者、動物実験技術者らのストレスを減らすことにもなる。まだ実績としては一〇匹程度で少ないですが、今後取り組む会社が増えていくことを願っています」と話している。

しょうゆは今、道内に住む三宅さんの両親の自宅で暮らしている。私は一八年一〇月、しょうゆに会いに行った。しょうゆは、史さんと母親の望さんに抱き付いたり、お腹を出したり甘えていた。健康に見えるが、大学で飼われていたときは歯のケアをしてもらえなかったようで、「歯垢がたまって細菌が発生し、歯肉の炎症が起きていたので、母が歯を磨いてあげたり、歯磨き用のガムをかませたりして悪くならないようにしています。私は教員に『学生は勉強で忙しすぎて手が回らないので、日常的に犬の歯のケアができる職員を付けてほしい』とお願いしたけれど、『それも学習だから』と取り合ってもらえなかった。歯周病が悪化して周辺の骨が溶け、目の下の皮膚に穴が開いて膿が出てきた犬もいて、さすがに手術で治療を施された。かわいそうでした」（三宅さん）。

近くのドッグランに出かけると、しょうゆはくんくん、においを嗅ぎまわった後、三宅さん親子に向かって走ってきた。「いい子だね～」とほめられると、うれしそうにしっぽを振る。「以前はほめられること、叱られることが分からず、ぽかんとしていた。今は、ほめてもらえる喜びを知り、自由に走る楽しさも分かったみたいです」と望さんは目を細めた。

娘のようにかわいがられているしょうゆを見て、目頭が熱くなった。と同時に、しょうゆ以外の犬たちは既に実験に使われてしまったのだろうか、辛い実験で苦しんだのではないか、と想像すると胸が痛んだ。実験関係者からは「健康で十分生きていける実験動物はいっぱいいるが、また別の実験に使われ、最後は皆処分されている」という話を聞く。今後、苦役を終えた実験動物がせめて余生は愛され、安らかな暮らしが送れるような仕組みができることを心から願っている。

追記① 獣医大の実習、その後も酷い実態

麻酔切れラットが暴れだし……

第一章「獣医大学の実習」では、実験犬で手術の練習をする外科実習で、五日連続して同じ犬を使い、内臓を取り出したり、骨盤から大たい骨を外すなどの手術を繰り返していた大学があったこと、実験牛を麻酔せずに解剖していたこと、実験動物施設の劣悪な飼育状況などの実態を報告した。一方で、ごく一部ではあるが、実験動物を傷付ける実習を減らして練習用の模型などを使う代替手段を取り入れ、治療を要するペットや産業動物の臨床実習に力を入れている大学の先進事例も紹介した。

その後、二〇一九〜二〇年の取材では、ラット、マウスなどの小動物が実習で残酷な扱いをされている事例があることが分かった。

例えば北里大では、教員がラットの麻酔を実演した後に学生がやるのだが、大学関係者によると、「薬を充満させた瓶の中に入れて麻酔をかけたのですが、学生は教員から麻酔薬の量について明確な

指示もなく、加減が分からず適当に入れました。すると解剖の途中で麻酔が切れてラットが暴れ出した。二酸化炭素を充満させた瓶に入れて死なせたが、腹から血が流れ出していた。その場で、『やばいね〜』『殺害だね』という声が上がりましたが、そのまま暴れるラットの体を切り続けている学生もいました」という。

術後の処置にも問題を感じた。北里大の実習では、ラットの卵巣を切除してクリップで縫合後、ケージに戻したが、「ケージは糞尿だらけ。さらに複数のラットを同じケージに入れるので、クリップをかじり合って傷口が化膿してしまった」。

金網のケージ内に、巣箱など動物の行動欲求を満たす環境エンリッチメントの用具は何もなかった。獣医学的ケアに詳しい実験関係者は「金網は足裏を痛めます。せめてタオルを入れれば、寒さから身を守れて、くるまって眠ることもできます。本来は、飼い方と術後ケアも含めての教育ではないでしょうか」と指摘する。

この他、脊髄反射を見るために、上あごをはさみで切って頭がない「脊髄カエル」を作る生理学の実習がある。「切る場所がずれると、『はい、別のカエル』と次々と取り換えた記憶が今も頭から離れない」と語る学生もいる。

私はこれらの事実確認のために、北里大の高井伸二獣医学部長に二〇年二月に質問書を送ったが、返答はなかった。

バケツにどんどん胎児の死体を捨てた

保定や腹腔内投与（腹に薬などを注射する）などの練習ができるマウスの模型をいくつか導入した獣医大でも、必ずしも模型を十分活用しているとは言い難い実態がある。

麻布大ではマウスを使う実習で、模型はあったら、「教員は『模型もありますよ。高いから壊さないでね』という感じで、全員がみっちりやりなさい、という感じではなかった」とある学生は振り返る。

生きたマウスは一人一匹ずつ与えられたが、「しっぽに生理食塩水を静脈注射する練習で暴れたので、何度もしっぽをひっぱり、マウスが疲れ果てるまで繰り返してました」。最後は麻酔薬を過剰投与して安楽死させ、解剖して臓器の位置を確認した。

実験マウスは「どんどん繁殖するので、時々間引きされています。毎日『今日実験、実習に使われるのはこの子』と見送っているうちに、動物実験に嫌悪感を覚えるようになりました……」と打ち明ける学生もいた。

ニワトリの有精卵の中にウイルスを投与して一週間後にふ化前のひな鶏を取り出す実習もあった。「グロテスクだった。ひな鶏には血管が通い、ひよこの形をしていた。細胞培養するために臓器を次々取り出して、バケツにどんどん死体を捨てた。嫌になりました」

これらの点について、麻布大に二〇年二月に質問したところ、村上賢獣医学部長名の文書で「代替法教材を積極活用するとともに、動物の福祉に配慮した実習を行っております。また臨床実習におけるシェルター・メディシンの導入を検討しています。動物福祉の取り組みについては、ホームページなどで公開することを準備してますので、今後はそちらでご確認ください」と返ってきた。

犬がゲホゲホ苦しそうに

この他にも実習中のミスは枚挙にいとまがない。ある獣医大では、吸入麻酔を練習する気管挿管の練習で、「麻酔をかけた犬を起こすときは、まず犬を起こしてから気管チューブを抜くのに、学生が先に抜いてしまい、犬がゲホゲホ苦しそうだった。でも授業では『小さなミス』という感じでさほど問題視もされなかった」（学生）。また、マウスに薬を経口投与する練習で、「口を開けてスポイトで食塩水を飲ますのですが、ある学生が下手でマウスが死んでしまった。なのに、その学生は『死んじゃった』とへらへら笑っていました」。気管挿管も経口投与も事前の模型での練習は「全くなかった」という。血管に薬を投与して血圧と脈拍数の変化を測定する実習では、ウサギの足の動脈に血圧を測るカニューレを挿入するのだが、「うまくできない学生が必ずいて、血管がボロボロになってしまう」といった話も聞いた。

このような実習に疑問を抱いている学生が気持ちを吐露した。

ある獣医大学の実験犬

「実習のために死なせることに抵抗がある」「どの実習も殺すほど必要だった、と納得したことがない。今は優れた模型もあり、代替法や動画で十分学べると思う」

学生の質問に対する教員の返答もあきれるようなものもある。

「教員に実習の必要性について尋ねたら、『必ずしも必要ではないが、まぁやっとけば』『私もよく分からない』と言われた」「教員から『自分たち専門家は一般の人と考え方が違う。外で実習の話を絶対するな』と言われています」

こういう話も耳にした。「ある教員は『教科書に書かれていることを確認するための実習で動物を殺すのはどうかと思う。ただ授業で動物を使う理由は、製薬企業側から動物を使える人材が欲しいので、カリキュラムに動物実験を入れてほしいと言われるから』と話していた。でも大学の実習ぐらいで、企業で通用する実験のスキルが身に付くとは思わない」。中には「このような授業を受け続けると、学生全員が良心の欠如した人間になってしまうのではないでしょうか」と訴える学生もいた。

「動物福祉は世界の既定路線」

実習については、全国大学獣医学関係代表者協議会（ＪＡＥＶＥ）が「代替法検討委員会」を設置している。私は三年前から委員会の進捗状況をＪＡＥＶＥに質問してきたが、まだ一度も取材に応じてもらったことがない。二〇年一月に久和茂（東京大大学院教授）会長にメールで取材を申し込んだが、「公表できる状況ではありません。教育改革には非常に多くの課題があり、少しずつ改善作業を進めているところです」などとまたもや、あいまいな返信があっただけだった。

私は生理学、解剖学などでの小動物、両生類の使用について、「健康な状態の臓器を生で見る必要がある」という大学教員の主張をこれまで何度も聞いてきた。どうしても生体実習が必要というのであれば、以下のことを守るべきではないかと思う。

まず動物実験の国際原則である３Ｒを守ること。獣医大は、動物実験計画を審議する学内の動物実験委員会で個々の実習の必要性、苦痛軽減の方法などについて議論を尽くすべきではないだろうか。

「動物福祉は世界の既定路線であり、健康な動物を傷付けたり、殺したりする実習は廃止していくべきです」と明言するのは獣医倫理学が専門の高橋優子酪農学園大准教授。

「例えば犬の解剖をするなら、病院で死んだペットを『献体』としてもらったり、保護したけれど死んでしまった犬を動物愛護団体から頂いたり、自然死した野犬を使ったり、あらゆる手段を尽くすしかない。結果が分かっていることを確認する実習は、動画やコンピューターなどで代替が可能です。手技を学ぶには、模型などで何度も練習を積んだ上で、臨床実習に注力すれば良いでしょう」とする。

獣医大学は教育機関として、学生が納得するような倫理的実践を示してほしい。

第二章　国が把握しない実験施設

理念に過ぎない実験動物福祉

獣医大の動物実験の実態を一通り説明したところで、実験動物の法的な位置付けについて解説したい。〇五年の動物愛護法の改正で、実験動物に関しては、それまで「配慮するもの」であった苦痛の軽減が義務付けられ、新たに代替法の使用と数の削減の二つの「配慮」が加わった。理念としての位置付けで罰則はないとはいえ、３Ｒの原則すべてが法律に盛り込まれた意味は大きかった。

法改正に基づき〇六年には、環境省は実験動物の飼養保管と苦痛軽減の基準、文科省は大学などの動物実験の基本指針、厚労省は企業、独立行政法人などの動物実験の基本指針、農水省は実験動物の生産施設、研究機関などの動物実験の基本指針を定めた。また日本学術会議は同年、文科省と厚労省の基本指針を基に、「動物実験の適正な実施に向けたガイドライン」を策定。〇五年には、新規開発された代替法の妥当性を評価する「日本動物実験代替法評価センター（ＪａＣＶＡＭ）」（神奈川県川崎市）が設置された。

動物実験施設は、動物愛護法で自治体に登録義務がある動物取扱業の対象から外され、自主管理となっている。国動協、公私動協は以前使っていた「自主管理」という言葉について、「研究者個人が管理しているようなイメージを一般に与えがちなため、各研究機関が管理するという意味を明確にする」として、「機関管理」と言い換えるようになったが、行政が監視していない点で本質的に自主管理体制であることに変わりはない。

自主管理に任されているため、国、自治体は動物実験施設の数、実験動物の使用数、実験内容など全体像の把握はしておらず、動物実験の現場は不明な点、情報開示されていない点があまりにも多いことが長年、動物愛護団体などから問題視されてきた。

使用数すら不明

いったい毎年、どれだけの動物が実験に使われているのだろうか。実験動物の数については現在、実験動物の生産者などが加盟する社団法人日本実験動物協会（日動協、東京都千代田区）が三年ごとにアンケート調査している販売数しかない。

最も新しいのは一六年度の四五施設を対象にしたもので、マウス、ラット、ウサギ、犬、サル、ブタなど哺乳類、両生類、魚類などの各販売数の合計は約四二四万六〇〇〇匹になった。

しかし、販売数だけでは毎年何匹使われているかが分からない。しかも調査対象の施設が少なすぎる。研究者らが加盟する社団法人日本実験動物学会（同文京区）は〇九年、「実験動物の利用状況をできる限り正確かつ広範囲に把握するため、六月一日現在の飼育数を全国一斉に調査した」として、計四七一施設の飼育数を約一一〇〇万匹と発表した。同学会は「大学、短大、高等専門学校のすべてを対象にするなど、調査を拡大した」としているが、飼育数と使用数は違うものである。しかも〇九年以降は飼育数さえ発表していない。データを出さなくなった理由について、浦野徹・同学会理事長に質問したところ、「情報を集めるのが難しい。企業はデータを出したがらないし。（調査方法については）検討中です」と述べた。使用数のデータすら集められないとは、これで適切に自主管理していると言えるのだろうか。

実験犬猫の輸入数は

実験動物の使用数が不明なため、せめて犬猫だけでも分からないかと、海外で生産された実験用犬猫の数を調べてみた。一七年一月に一二～一六年の五年間の輸入数について農水省動物検疫所に開示請求したところ、二月に一二年一月～一五年一二月まで四年間の狂犬病予防法に基づく輸入検疫証明書が開示された。

一〇〇〇枚余りに上る証明書には、用途として「試験研究用」と記され、個体識別番号、品種、性別、生年月日、経路、搭載年月、到着年月日などが記載されていた。輸入元は、犬は中国と米国、猫は米国で、荷主と荷受人の名前と住所、仕向け地、航空機名は黒塗りされていた。

実験用犬猫の年間輸入総数の統計は公開されていない。全ての証明書を自分で一枚ずつ数えるしか方法はない。膨大な数を自分の目でカウントするという素人作業なので多少の間違いはあるかもしれないが、犬は一二年度に約二六六〇匹、一三年度約二六〇〇匹、一四年度約二〇五〇匹、一五年度約一六七〇匹、猫は一二年度約二八〇匹、一三年度約一五〇匹、一四年度約六〇匹、一五年度約一五〇匹だった（一ケタ目は四捨五入）。犬は、ほとんどが「ビーグル」と記され、たまに「ハウンド」が数匹含まれていた。猫は「ぶち」「白黒」「茶虎」などと模様が記されていた。

EUは実験目的別など詳細に公表

ところで海外の実験動物の使用数はどれくらいなのか。どの程度実態を正確に公表しているのだろうか。EU諸国では、動物実験施設は登録、許可制で、動物の種類、使用数、実験の主な目的などは報告義務があり、EUのホームページに公表されている。例えばEU（二七カ国）の一一年の統計によると、使用数は計約一一五〇万匹。全実験動物の使用数のうち、げっ歯類は八割以上を占め、うちマウスは約六一％、ラットは約一四％などだった。二番目に多いのは、は虫類、昆虫、魚類などで約一三％で、三番目は鳥類の約六％などだった。

データは使用数にとどまらず、実験目的、分野別など多岐にわたる。実験目的別では、「基礎的な生物学研究」が約四六％と最も多く、次いで「人、獣医学、歯科の研究開発」の約一九％、その他は「創薬」「毒性・安全性評価」「動物用の創薬」などと続く。

「毒性・安全性評価」の動物実験の分野別もあり、「人と動物用の製品、物質、機器」が最も多く約四割を占めたほか、製品、物質の実験は、「農業」「工業」「食品」「生活用品」「化粧品」など用途別に分類されている。特に毒性試験は、「急性毒性」「刺激性、感作性」「生殖毒性」など試験別の動物数を棒グラフで表し、一目で分かるようにしている。

「病気の研究」のための動物実験については、その他、「人の精神・神経系」「人のがん」「動物の病気」「人の心臓病」などと、「人」と「動物」を明確に分けていた。

淘汰された遺伝子改変動物も――英国

英国では、内務省が毎年発表している実験動物の統計があり、二〇一五年版では、同じ動物を複数回実験で使った場合も含めた「処置数」は四一四万匹としている。

注目されるのは処置数の中に実験で使われた数字と、「実験に使わなかった」動物の数も開示していることだ。「実験に使わなかった」とは、一般的には遺伝子改変（ＧＭ）動物を作るために殺処分した動物のことを意味し、その数は全体の五〇％に当たる約二〇六万匹だった。

例えば特定の遺伝子を破壊して何らかの病気を発症させたノックアウトマウスなどを作るために、他のマウスと掛け合わせて生まれた子どものうち、不要な子は殺される。このため、おびただしい数のマウスが淘汰される。最近は、遺伝子を効率よく書き換えるゲノム編集の登場で、遺伝子操作技術は従来に比べ、かなり精度とスピードが上がった。それでも、「生まれた子どもマウス一〇〇匹のうち使えそうなのは二～三割ぐらいで、それ以外は殺処分される」という。英国の目的別の統計、間引きされた動物の数などの統計は3Rの理念に沿うものであり、三年ごとの販売数のみ発表している日本と雲泥の差がある。

「コストや便宜を優先しない」——実験反対運動と科学界

今、動物実験を行うには、実験動物福祉基準を順守することが必要不可欠になっている。では、実験動物福祉はいつ、なぜ作られたのだろうか。

歴史を振り返ると、動物実験によって多くの医学的、科学的発見があり、新薬、治療法、ワクチンなどが開発され、安全性の確認がなされてきた。一方で残酷な実験のやり方に対し、一九世紀半ばから欧州での反対運動、そして一九八〇年代以降の欧米系の市民団体による激しい抗議活動と世論の声、報道機関による暴露などが大きな影響を与え、動物福祉の考え方を取り入れた規制や法律ができていった。

英国の「UFAW（動物福祉のための大学連合）で人道的な実験技術を研究していたウイリアム・ラッセル博士とレックス・バーチ博士は一九五九年、研究者の倫理基準として代替法の利用、使用数の削減、苦痛の軽減、動物実験の3Rの国際原則を提唱した。

さらに六〇年代の英国では、家畜の劣悪な飼育状態を改善し、動物福祉を守るために「五つの自由」が定められた。五つの自由とは、「飢えと渇きからの自由」（栄養的に十分な食べ物ときれいな水が飲めるようになっているか）、「不快からの自由」（清潔で適切な環境で飼育され、雨風や炎天を避けられる快適な休息場所があり、怪我をするような突起物がないか）、「痛み、傷害、病気からの自由」（日常的な健康管理、予防措置がなされ、痛みや病気の兆候がある場合に診療、治療がされているか）、「恐怖や抑圧からの自由」（恐怖、不安、多大なストレスを受けている兆候があれば、原因を突き止め、的確に対応されているか）、「正常な行動を表現する自由」（正常な行動をするための十分な空間、適切な環境が与えられているか。習性に応じて群れ、あるいは単独で飼育されているか）――というもの。現在は家畜だけでなく、愛護動物、実験動物、展示動物など人間が飼育する全動物の福祉の基本として世界中で認められている。

米国では三〇年代から収容された野良犬や盗まれたペットが実験に使われていた。六五年、犬の販売業者がペンシルベニア州で行方不明になった飼い犬「ペッパー」を捕まえてニューヨーク市の病院に売った上、ペッパーは実験に使われ焼却処分されていたことが発覚した。六六年、雑誌「ライフ」にパピーファーム（子犬の繁殖場）の不潔なケージに大量の犬が押し込まれ、犬のほとんどが実験用だったという記事が出て、市民の大きな怒りを買った。動物実験の規制を求める声は高まり、同年に輸送、販売、動物の扱いを規制する実験動物福祉法が成立した。

七五年に哲学者ピーター・シンガーが書いた著作「動物の解放」は、工場畜産、動物実験など動物への非倫理的扱いを禁止し、「生き物すべての利益は、他の者の利益と同じように考慮されなければならない」と説いた。シンガーは人間の動物に対する種差別に反対し、動物の権利運動を六〇年代の人種差別撤廃を求めた公民権運動、女性解放運動の流れの中に位置付けた。以来、動物の道徳的地位についての哲学的な議論が盛んになった。八三年、哲学者トム・リーガンは著書「動物の権利の根拠」で、動物が自由と生命への固有の権利を持つ理由を示し、「動物実験は科学を追及する手段として道徳的に許されないものである」と主張した。動物の権利論は、動物問題に関わる市民運動の理論的支柱になり、八〇年には米国でPETA（動物の倫理的扱いを求める人々の会）などが創設された。

医学研究における生命倫理の大原則としては一九六四年に採択されたヘルシンキ宣言がある。これは当初、人間を使った臨床試験をする際に、患者の安全や人権を尊重するための倫理宣言だったが、二〇一三年に改訂され、動物福祉への配慮が明記された。

ヘルシンキ宣言に基づき、CIOMS（国際医学団体協議会）は一九八五年、「医学生物学における動物実験の国際原則」を発表。これは3Rの原則を土台にしたもので、二〇一二年にICLAS（国際実験動物学会議）と共に発表した改訂版には、以下のように、一〇項目からなる国際原則が明記されている。

「実験のコストや便宜が3Rの原則より優先されてはならない。動物の健康と福祉は、購入、生産、運搬、繁殖、環境、拘束、安楽死、リリースや里親探しを含めた人道的エンドポイントなどすべての過程において、最も考慮されるべきものである。動物の使用と健康管理は、獣医師あるいは動物福祉の専門技術を持つ科学者の監督の下で行う。人間に対する痛みと苦しみは、動物にとっても同じであるから、実験における獣医学的ケアに基づくストレス、苦痛、不快感は、適切な麻酔、鎮静、鎮痛などにおいて最小限にする。人道的エンドポイントは、実験が始まる前に計画し、実験中は最後まで監視し、不必要で予期できない苦痛を防ぎ、最小限に抑えるためにできるだけ早く処置する」

そして最後に「各国は、この国際原則を補足して、施設や科学者、研究プロジェクトごとに登録制、許可制というシステムを構築すること」などとしている。

九三年には世界獣医学協会が動物福祉の五つの自由を規定した指針を発表。二〇一〇年にOIE（国際獣疫事務局）が策定した実験動物福祉綱領に「良い科学の結果は、動物実験福祉の的確な実施にかかっている」として3Rの重要性、各国が動物実験を監視するための法的システムの構築の必要性などを挙げ、獣医師の中心的役割、実験動物に関する記録の保管と情報開示なども骨子に入っている。

中でも動物実験委員会については、目的を「実験動物福祉の担保」とし、委員は研究機関の関係者だけでなく、「動物実験に専門的知識やスキルがある獣医師、動物実験に無関係な市民代表」が必要で、大学など教育機関では「学生の代表」も求められている。動物実験計画の審議には、「計画書の内容、施設の査察と倫理的評価」が含まれている。

さらに一〇年九月に改訂されたＥＵの実験動物保護指令の最終目的には、「動物実験の完全な消滅。ただし、今はまだ動物実験が必要なことを認識し、消滅というゴールを目指している段階である」と明記された。

同ＥＵ指令に基づき、欧州各国はそれぞれ自国の法律、制度を整えている。例えば英国、フランス、ドイツでは、動物実験施設は許可制、実験者は免許制で、行政当局による査察ももちろんある。ドイツは〇二年、ＥＵで初めて憲法に当たる基本法に「動物保護」を加えた。動物実験に歯止めをかけるために憲法にある「研究の自由」が「動物保護」より常に優先される状況を変えようとした市民運動の高まりが背景にあった。英国の動物科学的処置法では、動物実験計画は内務省長官が承認する。

米国は動物福祉法などにより、実験動物の生産施設は免許制（マウス、ラット、鳥類は除く）、動物実験施設は登録制（同）。農務省による査察もある。カナダは施設、実験者共に許可制で、カナダ動物ケア協議会（ＣＣＡＣ）という国の組織が査察を行っている。欧米と日本を比べると、動物実験施設の届け出制すらなく、従って行政査察もない日本が国際的にも浮いていることが一目瞭然なのである。

内輪で点検、国際基準からかい離

日本の動物実験施設の審査体制はどうなっているのだろうか。動物実験施設は、動物取扱業の対象から除外されている。このため、環境省の飼養保管・苦痛軽減の基準、文科・厚労・農林水産省の基本指針に沿っているかどうかを、大学、企業などでつくる業界組織が加盟施設を三～数年に一度、「外部検証」する自主管理方式となっている。

国立大学の動物実験施設でつくる国動協、公私立大学の動物実験施設からなる公私動協は〇九～一四年、合同事業として加盟施設の第一期「動物実験に関する相互検証プログラム」を実施。一五年度からは、名称を「相互検証」から「外部検証」と変え、第二期のプログラムを始めた。「外部」に変更した理由については「いろんな大学から『相互検証では、外部による点検という意味合いが薄い』という意見があったため」（八神健一・国動協・公私動協外部検証委員会副委員長）という。なお一七年度から事業主体は日本実験動物学会に移っている。

検証方法とは、国動協・公私動協から動物実験施設に勤務する獣医師ら二～三人の調査チームが要請のあった施設を訪問する。その後、調査チームは施設が記入した「自己点検・評価」の書面と訪問についての調査結果を作り、検証委員会に報告し、同委が最終報告を決定する、という仕組みになっている。

具体性乏しい「自己点検・評価項目」

各施設が行う自己点検・評価項目はどのような内容なのか。ひな型によると、例えば「動物実験計画書には実験の目的、具体的方法、代替法の検討、使用動物種・数などの事項の記入欄が含まれているか」「動物実験責任者は、実施結果報告書を提出しているか」などと、各省庁の基準、指針に沿った、機関内規定、動物実験委員会の体制など組織に最低限必要な項目の有無の確認が中心だ。

外部検証が済んだ施設は現在（一六年七月）、国動協と公私動協で計一一四施設。公私動協の下田耕治事務局長（慶応大医学部動物実験センター長）は同年七月に東京都内で開かれた日本実験動物環境研究会のセミナーで「文科省調査によると、動物実験施設は全国で四二六あるが、外部検証はまだその約四分の一しか終わっていない」と話した。

外部検証を第三者認証団体「ＡＡＡＬＡＣインターナショナル」の自己点検項目と比較してみた。

ＡＡＡＬＡＣによると、太平洋地域で同認証を持つのは、中国が六〇施設、日本が二四施設、インドと韓国が各一八施設など計一五八施設となっている（一六年春現在）。認証の有無は、太平洋地域ではシンガポール、日本、中国、インドなどの専門家の理事一三人で構成する「認証理事会」が施設訪問して評価する。認証を受けた後は三年に一回、視察を受ける仕組みになっている。

ＡＡＡＬＡＣは、米国立アカデミーの実験動物のケアと使用に関するガイドライン（通称ＩＬＡＲ指針）に基いて自己点検項目「動物の管理と使用に関する活動計画報告書」を定めており、全部で計四二ページにわたる。二〇〇項目近い質問には、チェックだけではなく具体的に記述しなければならない。

動物実験委員会の委員は、例えば一四年にＡＡＡＬＡＣ認証を得た沖縄科学技術大学院大学（沖縄県恩納村）の場合、「学内の科学技術系の研究者四人と学外五人の計九人で構成され、委員長は学外の人が務めている。学外委員には、生物を扱っていない研究者、獣医師、実験動物福祉の見識がある弁護士らが含まれている」（鈴木真獣医師・実験動物セクションシニアマネージャー）。

実験動物は、実験計画の承認を得ないと購入できない仕組みになっている。動物実験計画の審査対象は、マウス、ラット、小鳥、カエル、ゼブラフィッシュなど脊椎動物だけでなく、イカやタコなど無脊椎動物も含む。実験中の鎮痛と麻酔については、鈴木獣医師が全ての計画に目を通して各実験責任者に薬を渡している。

施設のすべての実験動物の健康と幸福に対して責任を持つ「選任獣医師」を置くことも必須になっており、「実験動物の管理と使用について、どのように監視しているのか、その活動に費やす時間」を記載する。獣医学的ケアに携わる技術職員ら「その他の職員」についても、その責務と、選任獣医師との連絡体制を記した組織図の添付も求められている。ちなみに国・公私動協は、選任獣医師どころか獣医師すら置くことも求めていない。

「動物実験計画書の審査」では、「動物に痛みや苦悩を引き起こす可能性のある実験計画の審査方法」「動物実験を管理あるいは監視する方法」「動物数と実験群ごとの動物数の妥当性を判断する方法」と、「管理、監視」という表現を使い、動物の適正な数を問うている。これに対し、国・公私動協は、「動物実験責任者は実施結果報告書を提出しているか」「３Ｒの理念を遵守し、適正に実施されているか」など形式的で抽象的な質問で終わっている。

動物実験を行う「研究チーム」についても、ＡＡＡＬＡＣは、実験担当者が「動物の実験的処置や動物種別に必要とされる知識や専門技術」を備えていることを、研究機関が「担保する仕組み全般」

を記載するよう求めている。国・公私動協は教育訓練の実施記録の保存はあげているが、動物種別の知識と専門技術まで具体的に言及していない。

「動物の飼育施設」については、魚類、野生動物を含めた全実験動物を対象に「飼育スペースが適切か確認するのに用いている検討事項、性能基準、指針となる文書について記載してください」となっている。これに対し、国・公私動協は「飼育保管場所・飼育保管条件」の記入項目の有無を聞いているだけ。

「環境エンリッチメント」もAAALACの重点項目で、休憩板、プライバシーエリア、棚、止まり木、ブランコ、ハンモックなどウエルビーイング（心身に良好な状態）を向上させるもの、さらに動物種に特異な活動パターン（かじり、穴掘り、ねぐら作り、よじ上り、草はみなど）を促すような環境作りについて詳細に質問している。

さらに「社会的環境」では、「社会性のある動物が個別飼育、つなぎ飼い、拘束などされる場合は、動物実験委員会が承認した正当化の理由」を記さなければならない。しかも、隔離、個別飼育されている動物に対して、人間との交流や環境エンリッチメントなど同居する動物がいない場合に補うべきことについても説明が求められている。国・公私動協には環境エンリッチメントの項目自体がない。

獣医学的ケアについての項目もAAALACは具体的で細かい。外科手術の苦痛軽減に関しては、予備実験、獣医師スタッフによるモニタリング、動物実験計画、人道的エンドポイントなど「不要な苦痛を回避する方法」を明示する。「麻酔と鎮痛」では、使用する薬、投与量、投与する経路の他、

「苦痛軽減のための薬理学的手段以外の方法」「麻酔薬や鎮痛薬の有効性のモニタリング」などもすべて書き込む。「安楽死」は、承認されている安楽死の方法、安楽死用の器具の機能の維持管理、動物の死亡を確認する方法も記入しなければならない。これに対し、国・公私動協のものは「苦痛度分類」「麻酔法・安楽死法」「人道的エンドポイント」の有無しかない。

「書類が整備されているか」

国・公私動協の外部検証は、第三者としてのチェック機能は働いているのだろうか。残念ながら、実態は書類整備の確認が最大の関心事項で、実態の点検、監視という効果は薄いようだ。

外部点検を受けたことのある関係者は「書類がきちんと整っているのか、という点ばかりをチェックしていた。文科省の指針との整合性を確認しながら、重箱の隅をつつくような質問や助言に終始し、飼育状況についての問いはほとんどありませんでした。書類にうるさいのは、外部から情報開示請求を受けた時を想定しているからでしょう」。

ある大学の関係者は「実験用ビーグル犬のケージは網製の狭い個別用。しかも学生は普段、犬をケージに入れたまま水をかけて糞尿を洗い流しているため、汚くて、悪臭がする。犬も糞尿臭い。施設はゴキブリが走り回っているような不衛生な有様。しかしずっと昔からこのやり方で教員は学生にやらせている。さすがに専門委員の訪問前に、慌てて学生が犬をシャンプーしましたが、臭いは残っていた」と明かした。

しかし、この大学が訪問調査後に指摘されたのは「動物種にあった動物飼養保管施設ごとのマニュアル作成が必要」など書類に関することが中心で、飼育方法の改善提案は「犬猫のケージの老朽化が目立つ」「防振対策の確認が必要」とだけ記されていた。ちなみに同施設がホームページに掲載している毎年の外部点検の評価報告書には「環境省の基本指針、文科省の基準に適合し、適正な飼養保管の体制である」に丸が付けられている。関係者は「大学は何も改善しようとしないので、外部点検で飼育方法について注意してくれるかと期待していたが、このような結果で失望しています。調査員が飼育についてちゃんと指摘しないのは、他の加盟施設も似たり寄ったりの所が多いからでは。身内をかばっているのではないでしょうか」とみている。

ある大学で動物実験委員会の委員を務める教員は「『この実験は必要なのか』『趣味でやっているのではないか』と疑われる実験計画がある。けれども委員の大半を占める学内研究者にとっては、実験をやることが前提になっており苦痛軽減ばかり気にしている節がある。マウス・ラット実験などは計画も出さずにやっている人が多いと感じる」と打ち明ける。別の関係者も「実験現場では、計画に記載していないことをやったり、計画には良いことを書いていても実際にはやらない、名前が記載されていない人が実験を行っているなどの事例は多いです。もっとひどいのは、実験が終わってから計画を申請してくるケースもあり、理由を聞くと『審査が遅いから』と返ってきて唖然とした」と明かす人もいた。

外部検証の調査員の数も足りていない。ある調査員は「一つの施設に二〜三人で少なくとも四時間はかかるので半日仕事になる。調査員は大学職員など本職の傍らやっているので、せいぜい一年で二〇ヵ所回るのがやっと。加盟施設は四〇〇余りあるわけで、この調子だと全施設を回り終えるのに二〇年近くかかってしまう」と関係者も嘆息するほどなのである。実際、国動協・公私動協は検証制度を始めた当時は加盟施設が一五〇程度だったので、「最初の五年間で年三〇施設程度を目標にしていたが、実際は年二〇施設ぐらいしかできなかった」（関係者）。しかもその後、どんどん加盟数が増えてしまい、追いついていないのが現状だ。

「実態は全て把握」

こうした外部検証の問題点について、国動協、公私動協にそれぞれ質問したところ、一六年八月に甲斐知恵子・国動協会長（東京大医科学研究所付属実験動物研究施設長）、喜多正和・公私動協会長（京都府立医科大中央研究室教授）から書面で回答があった。文章の趣旨はほぼ同じだった。

例えば、「自己点検・評価項目チェック票が国際認証に比べて、数値基準の具体性、環境エンリッチメント、鎮痛の方法などの点で欠落している点が多く、この方法で実験動物福祉の順守状況を把握できると思われますか」との質問には、「自己点検・評価書の資料を基にヒアリングや視察により検証を進め、詳細な指摘や助言を行っており、我が国の法令、指針、基準などで順守が求められている事項の実態については全て把握しております」などと返答があった。しかし私が尋ねたのは、国際基準と比べた実験動物の実態把握の有無であり、これでは答えになってない。

また「実験動物福祉と科学技術の進歩は両立すると思いますか」「実験動物施設に専任の獣医師を置く獣医学的ケアは、実験動物福祉のために必要だと思われますか」「実験動物委員会に、他大学の倫理系社会学系研究者、弁護士、動物愛護団体関係者ら実験動物施設と全く利害関係がない第三者を入れることは必要と思いますか」の三点については、すべて「回答できません」だった。

後日、外部検証プログラム検証委員会の八神健一副委員長が東京都内で取材に応じた。

自己点検・評価項目チェック票に環境エンリッチメントがない点について、八神氏は「実験動物の生理、生態、習性などに応じた施設整備などを求める環境省の飼養保管基準に沿った項目は入っている」と答えた。群れ飼いについては「各機関が決めること。ケースバイケースで、群れ飼いにすることで闘争が起きることもあり、賛否両論あります。ただし、調査員が施設訪問の際に『ケージの外に出すことはないのか』『群れ飼いが可能かどうか』と質問、助言することはある。その時に『研究として（一匹飼いが）必要』と言われれば、外部からはそれ以上のことは言えない。報告書にまでは書きません。一つひとつ取り上げて書くと、機関全体の問題になりやすいので」と説明した。また科学技術の向上と実験動物福祉の進展の関係について「矛盾はしない。でも福祉を優先しすぎると、再現性のある実験ができない場合もある。エンリッチメントを追求すると多様な環境を与えることになり、実験結果に影響が出やすくなる」とも話した。

獣医学的ケアについては「〇六年に学術会議が動物実験のガイドラインを策定した際に、国際原則にも定められているので議論にはなりました。実験動物の八割はマウス、ラットなどげっ歯類で、健康管理、検査などの方法は標準化されており、動物実験技術者や研究者で間に合う。必ずしも獣医師が必要というわけではありません」と述べた。その他の動物については、「サルなどは感染症、病気の診断などで獣医師が必要ですが、ブタ、犬などのために常時使うとなると、実験動物を専門とする獣医師は数が少なく適任者がいない。第一、獣医学的ケアを強調すると、（獣医師がいない施設が有資格者から名前だけを借りる）名義貸しが横行するのではないか。各施設の内側の意識が上がらないと難しいでしょう」と答えた。

動物実験委員会に第三者を入れることについては、「動物実験は数が多く、侵襲性が高くなく日常的にやっている同じような実験であれば、効率よく審査をしなくてはならない。審査は、獣医師らある程度内容を理解できる人でないと進まないでしょう」とした。私は「動物実験委員会は、同じような実験を自動的に更新していいのか見直したり、第三者の目で監視する役目も必要ではないですか。研究者の中でも『この実験はこういう文章を入れれば審査を通る』とマニュアル化されている面があるという話も聞きますが」と質問すると、八神氏は「実験する人は（実験計画を申請するたびに）学習するから、ワンパターン化することはある意味自然で仕方ない」と返答。その上で、「今までやったことないような実験、霊長類を使う実験、倫理的に慎重になるべき実験については、動物実験委員会とは別に倫理委員会を作って議論すればいいのでは。二段構えにしている研究機関もあります」と述べた。

動物実験施設に届け出制、登録制などの規制をかけることについては「登録制になっても、国は現在の国動協・公私動協がやっている以上のことはできない。今、意識の高い人たちが引っ張り上げようとしている。それを規制で無理やり上げようとしたら、逆行するでしょう」と主張した。

実験施設の課題については「医学部は、(国際的な科学誌などの)論文審査で動物実験の記述についても厳しくなっていることもあり、意識が高い。医学に比べて農学・理学・薬学系は低い。特に農学系は、家畜を扱っているためか、実験動物と産業動物の境目が分かっておらず意識が足りない面がある」とした。

短い鎖でつなぎ飼い

国動協、公私動協は「外部検証によって実験動物施設の実態は全て把握している」と主張する。しかし、点検項目に具体的な環境エンリッチメントや苦痛軽減などがない、例え指摘してもその場で言うだけなら、実験動物福祉の観点から「実態を把握している」とは言い難いだろう。

実際に現場では、実験動物が一匹だけケージや柵の中に入れられっぱなしで、獣医師、実験動物技術者もいない中、大学生、大学院生らが動物の世話をしている施設は多い。えさやり、糞尿の始末など必要最低限のことしかやっていない施設も珍しくない。公立系施設でも、サル一四〇〇匹にスタッフ一〇人などの人員で管理しており、一匹ずつ個別ケージで管理というのが一般的だ。

ある実験牛の飼育施設では、成牛が一頭ずつストール（鉄柵）の中で鎖でつなぎ飼いされていることが分かった。鎖は短すぎて、せいぜい下半身を上下左右に動かすことができる程度だ。この飼い方は、複数の牛が一列にずらっと並べられているため、糞尿の始末などがやりやすく管理しやすい。大学関係者は「実験中であろうとなかろうと、いつもこの状態でつなぎ飼いです」と明かした。

ちなみにこの施設では畜産用の牛は放牧させており、去勢も麻酔して行うなど動物福祉に配慮している。大学関係者は「実験動物は家畜のような生産性がないから、つなぎ飼いです。昔からずっとその状態だから、教員も学生もだれも疑問を持っていない」と言い切った。ただし、牛のつなぎ飼いは同施設に限ったことではない。別の施設でも「実験牛は首を挟む金属製器具のスタンチョンにつながれている。使うのは、農家で乳量が低下したり出産能力が落ちた廃用牛で、実験後は解体場に送る。飼育スペースが小さいので、スタンチョン使用が当たり前になっている」。

しかし環境省の飼養保管基準では、実験動物は「個々の動物が自然な姿で立ち上がる、横たわる、羽ばたく、泳ぐなど日常的な動作を容易に行うための広さと空間を備えること」とある。前出の飼育施設では、左右両方から短い鎖で首をつながれた牛もおり、一般常識から考えれば、これは環境省の「自然な姿で日常的な動作を容易に行う」という基準に違反しているのではないか。

担当の文科省研究振興局ライフサイエンス課に牛のつなぎ飼いの写真を見せて、飼養保管基準に沿ったものかどうか質問してみたところ、職員二人は写真を見てしばらく黙り込んだ後、「上司と相談してから回答する」とした。翌日に「動物実験は各研究機関で実験目的が多様になっており、基準

ある大学の実験牛。短い鎖でつながれている

に沿った健康管理の保持に努めることになっている。この件で（つなぎ飼いが）適切かどうか判断できない」と意味不明な答えしか返ってこなかった。所管の官庁として無責任ではないだろうか。やはり、具体的で数値も含めた基準がないと、このような役人答弁で済まされてしまう。自主管理の限界を改めて感じた。

もっとも牛のつなぎ飼いは日本では一般的だ。実験動物福祉の国際基準に詳しい専門家はつなぎ飼いについて、「動物が本来あるべき姿から逸脱することになる。まず動物実験委員会で議論されなければならず、つなぎ飼いに合理的な理由がない限り、拘束は許されません」と指摘した。

獣医学部の動物実験施設がＡＡＡＬＡＣ認証されている北海道大大学院の安居院高志教授（実験動物学）は「かつては牛をスタンチョンで

つなぎ飼いしていたが、AAALACから『スタンチョンはだめ』と言われてやめました」と話した。

前出の専門家は「日本は自主管理だから、『レベルアップする』といっても義務はないわけで限界がある。特に低いレベルの施設は、世界基準から乖離《かいり》しており、このような意識では、五〜一〇年後に日本の施設では実験動物を飼えなくなってしまいます」と表情を曇らせた。

企業も「はい」「いいえ」方式

一方、動物実験を行っている厚労省所管の製薬企業、試験受託機関、国立の研究所、社団法人などについては、〇八年に公益財団法人ヒューマンサイエンス（HS）振興財団（東京都千代田区）が自己点検に基づく外部評価・検証事業を始めた。現在（一六年七月）、九九施設の認証が済んでいる。

認証方法は、まず施設が自己点検の「自己評価報告書」をHS財団に提出し、実験動物の専門家ら評価員が施設を訪れて実地調査を行い、評価委員会で評価結果案が決定され、認証を受ける。認証を受けた九九施設のうち、企業は七一施設でうち製薬関連が六八施設。評価申請は任意で、HS財団の佐々木弥生専務理事によると、「申請された施設のだいたいほとんどが認証を受け、現在二回目の実地調査に入っている施設もある」という。

自己評価報告書は計三八項目。回答は「はい」「いいえ」方式がほとんどで、内容は国動協、公私動協の外部評価とあまり変わらず、「実験動物が（実験などの目的の達成に支障を及ぼさない範囲で）日常的な行動を容易に行うことができる施設で飼養保管されていますか」など具体性に欠けるものだ。苦痛軽減については、日常の健康管理と実験計画への苦痛軽減方法などの記入の有無を尋ねているだけで、麻酔、鎮痛、安楽死における獣医学的方法などについて詳細に記す項目は全くなく、厚労省指針を満たすか否かだけが点検ポイントになっている。

佐々木専務理事は一六年八月、「この認証制度は、動物愛護法、厚労省の動物実験の基本指針などに適合するかどうかを評価するもので、数値基準などはありません。製薬企業などは設備に問題はないし、大学などと違って、創薬中心の実験なので行う試験が決まっており、ガイドラインもちゃんとありますよ」と話した。

国際基準との格差については、「以前、いまだに（気道刺激、咽頭痙攣など副作用を引き起こすため麻酔薬としては市販されていない）エーテルをマウスに使用していた施設があり、それはやめるよう指示し、二回目の実地調査では廃止していました。個別飼いや使用動物数が多い時はその理由を尋ねたり、昔ながらのやり方を続けている施設には国際的な状況を考慮するようにアドバイスはしています。動物実験委員会の書類も見て３Ｒをチェックしています」と述べた。

繁殖業者は認証受けず

実験動物の繁殖、受託飼育、仕入れ販売、運搬などの業者の第三者評価はどうなっているのだろうか。これらの業者も動物愛護法の動物取扱業の対象ではないため、社団法人日本実験動物協会（日動協、東京都千代田区）は一三年度から、「業者の動物福祉に関する自主的な取り組みをアピールするため」として、生産施設などを調査して評価する「福祉認証」を始めた。ただし評価を受けるかどうかは任意だ。

同認証制度は施設が「調査票及びチェックシート」に飼育、健康管理、設備、教育訓練、輸送、保管、安楽死などの項目について、「はい」「いいえ」のいずれかをチェックし、資料などを添付して日動協に提出する。そして日動協から獣医師ら調査員三人が施設を訪れ、文書、記録、写真などの閲覧や目視で現場を確認する。評価の基準はA、B、Cの三段階で、Aは「調査事項が良好であり、実験動物福祉の観点から適切な管理、運用がなされている」、Bは「基本的な要件は満たしているが、調査事項の一部に不備が認められる」として指導、助言を行い、改善されれば認証される。Cは「基本的な要件に欠落があり、調査事項に重大な不備が認められる」として認証されない。

認証制度の調査票は、環境省の実験動物の基準に沿ったもので計一二項目七五設問ある。調査は「米ＩＬＡＲの基準は参考にしています」（武石吾郎常務理事）と言うが、「飼育設備は、動物の生理、生態、習性に応じた広さと空間を備えているか。実験動物福祉の観点から、ケージサイズと収容匹数を社内基準として定めているか」という程度にとどまっている。

武石氏は一六年八月、一三～一五年度に訪問調査した施設のうち、Bと評価された施設の「指導、助言」をした事例として、「社内の福祉規定に、改正前の環境省の古い基本指針が引用されていたり、動物実験委員会の委員構成が指針に準拠しているのか明確でなかったりした」とし、「訪問調査で劣悪な飼育環境や微生物のモニタリングがされていなかったなどのケースは全くない。今は、動物の納入先の外資系企業などの基準が厳しいですから」と言い切った。

施設の総数把握せず

認証された施設は、一三～一五年度の三年間で二一社四一二施設。武石氏に認証対象の施設はどれくらいあるか尋ねたところ、「家族経営で代々やっているような小規模な仕入れ業者、動物の運搬業者なども想定されるが、実数がどれくらいあるかは分からない」という。認証された施設は日動協のホームページに会社名と施設名が掲載されているが、日本チャールズ・リバー、オリエンタルバイオサービスなど大手企業が目立つ。この認証施設のリストと、繁殖業者などで作る日本実験動物協同組合（実動協、同千代田区）に加盟する二七社の名簿を照らし合わせると、同組合加盟の一〇社余りが認証を受けていない。日動協の武石氏は「実動協の加盟社で、日動協の会員になっていない社もあります」とこれら約一〇社が認証を受けていないことを認めた。認証を申請しない理由は「小さな業者は年会費（正会員二〇万円）、認証のための調査料金（一〇万円）が払えない所が多い。日動協の正会員は以前は六〇社ぐらいありましたが、今は半分以下の三四社まで減ってしまいました。認証を受けるかどうかの判断は各社次第で、強制ではないですから」と説明する。

今後、どのように認証業者を増やしていくのか。この点について武石氏は「ホームページや業界の伝手などで呼び掛けるしか方法はないです。今、業者に動物実験に詳しい大学の教員らを外部委員として契約してもらい、月一回指導にきてもらう方法なども検討中です。しかし社員が三〜四人しかいないような業者にとっては、外部委員の謝礼などは負担になるので……」と手詰まり感も見せた。

自主的な外部評価に限界が見える一方、日動協は動物実験関連施設の届け出制導入などには反対し、自主管理を主張している。この点について武石氏は「自治体のチェックを受けることになれば、実験動物をよくわかっていない獣医師が調査にくる可能性があり、適切にチェックできないでしょう」と強調した。

これまで、日本の状況とＡＡＡＬＡＣという国際基準と比較してきたが、ＡＡＡＬＡＣ認証を取っているからと言って、実験動物の扱いが常に優れた水準で行われているとは言い切れない。現にＡＡＡＬＡＣは施設のスペースの限界、経済的な事情などを配慮し、「ある程度の改善、工夫がされれば良しとする面もある」（実験関係者）とされ、良くも悪くも柔軟に応じている。一方、わずかだが、国際認証を持っていなくても、職員の努力で動物福祉に取り組んでいる施設もある。

ただし、ＡＡＡＬＡＣ認証を持つということは、日本よりはずっと厳しい基準をクリアし、一定の水準を保っているという証しになる。動物実験施設が外国機関との共同研究をしたり、企業が営業の展開で国際的な信用を得たりするには、ＡＡＡＬＡＣ認証やＥＵレベルの基準を持つことが近年ますます求められている。学会の企業ブースでも、「ＡＡＡＬＡＣ認証取得」「ＥＵ基準」をアピールしている会社が非常に多く、国動協・公私動協の検証やHS財団の認定は、もはやグローバルスタンダードには遠く及ばない。

第三者が入らない動物実験委員会

動物実験施設の自主管理は適切に行われているのだろうか。各施設内の実験計画を審査、評価する動物実験委員会の構成、機能などを海外と比較してみると、必要性の有無より実験をやる前提で審査されている、第三者の目が入っていないなど多くの問題点が浮かび上がった。

米国の動物実験委員会の構成要件は、ＩＬＡＲの指針によると、①実験動物医学会の認定を受けている、あるいは研究機関で実験動物に関する実務経験があるなどの資格を持つ獣医師②動物を使った研究歴がある自然科学者③自然科学者以外③動物の適切な管理と使用について一般的な関心を持つ市民を最低一人ずつ入れることを定めている。このため、米国では動物実験委には、獣医師、弁護士、牧師、動物保護団体のメンバーらが委員として入っている。

一方、文科省の動物実験の基本指針では①動物実験に関して優れた見識を持つ人②実験動物に関して優れた見識を持つ人③その他、学識経験を持つ人という三点だけで、実験動物福祉の専門家や、施設と利害関係のない市民ら第三者を入れることは求めていない。実験する側と審査する側の人間が同じ組織に所属し、何ら外部の目が入らない体制でよしとされている。

例えば東北大学の場合、動物実験を審査する「動物実験専門委員会」の委員は①動物実験を実施する各部局の教員各一人②獣医師ら実験動物に優れた見識を持つ人③動物実験に関わらない人で、教育・経済・法学部などの教員（一五年一一月現在）で構成されている。同大大学院医学系研究科付属動物実験施設の笠井憲雪名誉教授によると、「動物実験計画は年間約一〇〇〇件提出され、うち苦痛度が強いカテゴリーCとDの一〇〇件余りについては、実験責任者を呼んでヒアリングを行っている。また書類に不備な点があれば計画を突き返すこともある。ただし復活戦はあり、再提出させて承認される」と説明する。同大は比較的、日本の研究機関としては適正な審査に取り組んでいる施設だと思うが、それでも第三者を入れることは「報酬などコストの問題もある」（笠井名誉教授）と消極的だ。

一方、ある大学の実験施設の「内規」とする「自己点検・評価の項目」はA４用紙一枚半に、「実験動物の代替法を検討、実施したか」「使用数を必要最低数に抑えたか」などたった一〇項目の質問にすべて「『適正』であった」と一律に記述され、年間一〇数件の動物実験計画は毎年、すべて受理されていた。

日本の実験施設で自主的に動物実験委に第三者を入れているのは、一部の大学、企業にとどまっている。関係者は「国公私立を問わず、実験計画を適当にみて『適正』と受理しているケースはいくらでもある」と打ち明ける。よくあるのは、動物実験委に「外部委員」として、他施設の動物実験に詳しい研究者や獣医師を入れているケースはあるが、倫理や動物福祉の観点から監視する役目を担っている委員を入れている所は少ない。ある大学の動物実験委員会の委員は「厳密に審査をするために、外部の委員を加えるべきだ」と提案したところ、「『時期尚早』と却下されてしまった」と残念がっていた。

私は動物実験委に実験動物福祉の観点からみる第三者を入れることは絶対必要だと思っている。製薬メーカーの中外製薬は動物実験委の委員に外部から動物実験に関わっていない第三者を迎えている。同社の高井了ＩＡＣＵＣ（動物実験委員会）委員長は「外部委員には『動物にこれだけの負荷を与えることは、道徳的に正しいのか』という視点で計画を見てもらっている」と話した。

ある企業の動物実験委の外部委員を務めている文系の研究者は「実験計画に『犬を実験前四八時間絶食させる』とあったので、『丸二日の絶食は過酷では』と指摘したところ、『大丈夫だ』という答えが実験責任者から返ってきた。しかし、その後、ＡＡＡＬＡＣの視察が入った時に『四八時間は長すぎる』との指摘を受け、以降は二四時間の絶食までしか認められなくなったと聞いた。私の第三者としての感覚は正しかったのだなと思った」と語った。

医大の犬・サル施設見学

私は獣医大以外にも、国公私立大学、企業、財団法人などに動物実験施設の見学を申し込んだが、「記事になることで、どこから批判が飛んでくるか分からない」「機密保持があるのでご遠慮頂きたい」などと拒否されることが多かった。国内外の研究者が研究を行っている沖縄科学技術大学院大学には一六年四月、飼育施設を管理する鈴木真獣医師のはからいで見学のために同大を訪れたが、当日になって広報担当の外国人の副学長から「報道機関の人には見せられない」と強い調子で拒否された。そんな中、撮影は許されなかったが、応じてくれたのが滋賀医科大学（滋賀県大津市）だった。

滋賀医大動物生命科学研究センターは、旧「医学部付属動物実験施設」（一九七八年設立）を改装して二〇〇二年に開設された。飼育しているのは、マウス、ラット、ウサギ、サル、犬、ブタなど。サルはカニクイザルが多く、現在（一八年五月時点）六八一匹を飼育している。このうち輸入は五四八匹で、センターで体外受精などで繁殖したのが一三四匹いる。

同センターを訪れたのは一六年三月。同施設は「動物福祉に配慮した飼育と管理」「動物実験における生命倫理への配慮」などをうたっている。動物福祉に力を入れるようになったのは、「一〇年余り前は、捕獲された野生のニホンザルを入手していたのですが、動物愛護団体から情報開示請求があり、それを機に野生ザルではなく繁殖業者から入手することに変更しました。当時の施設長が『動物実験が人のために役立つものだ、ということを世の中の人に分かってもらおう。そのためには動物福祉に取り組み、外部の人にも見てもらえるような施設でなければならない』という意識があったのです」と獣医師の中村紳一朗・同センター准教授は説明した。

滋賀医大は学内の動物実験委員会に加えて、「動物生命科学研究倫理委員会」も設けている。倫理委員会は「侵襲性が高い実験で『こんなことをしていいのか』と判断に迷った時」に開かれるという。倫理委のメンバーは、学長が指名する理事一人、医学科の教授一人、看護学科の教授一人、弁護士一人、市民二人の計六人。市民は、一人は地域の世話役のような人、一人は動物愛護団体のメンバー。かつて議論した実験計画の中には、「動物愛護団体の人の提案を受け、動物の苦痛を和らげる方法を取り入れた実験内容に変更したことがあります」（中村准教授）。

倫理委にかかるのは年間一件程度。「ほとんどは動物実験委で、あまりに酷い実験は却下したり、差し戻して書き直しさせたりしています」（同）。小笠原一誠・同センター長は「動物実験委は監視役。研究者には『外部に出しても大丈夫なように計画を書きなさい』と言ってます。隠すことは、データをごまかすことにもつながりますので」と補足した。

同大は、動物実験を行う予定の教職員、大学院生、研究者に実験動物学、倫理、動物福祉などについて講義の受講を義務付けている。資格認定試験で七〇％以上の正答率で合格とし、「基礎」の認定証を与えて、マウス、ラット、犬、ブタなどの実験計画作成を許可している。さらにサルを用いた実験を行う場合は、基礎の資格取得者を対象に、教育訓練と実験の補助、手術など内容に応じた実習を受けなければならない。

動物の治療、麻酔、鎮痛、安楽死処置などの「獣医学的管理」も定めている。サルの実験については、獣医師一人、動物実験技術者二人を含む計一〇人の態勢で行う。手術には「麻酔、鎮痛薬を使い、術後はＩＣＵ（集中治療室）で手厚い看護をしています」（中村准教授）。犬、ブタ、マウスに関しても「研究者がアンカや電球で体を温め、鎮痛薬も使っています」。

実験動物を耐え難い苦痛から解放して安楽死処置をする人道的エンドポイントについては、「研究者にかなりうるさく言ってます。正直言って、見極めは難しい。動物はつらくなって死にそうになるまで症状を出さないので。ただし、動物が苦しんだ挙句、研究者がいない夜中に死んでしまうと、翌朝になってデータを取っても正確なものではありません。ですから実験を確実に行うためにも人道的エンドポイントは重要です」（中村准教授）。

理学博士でもある土屋英明・技術専門職員は「研究者には『このまま放置して苦しませるのは見ていられない』と伝えます。研究者によっては、『だまれ！』と耳を貸さない人もいますが、基本的には私たちの提言を受け入れてもらっている。場合によっては、実験計画を変えて安楽死させる時もあります」と説明した。

「カッカッカッ」と上下の歯ならす

センターで生まれた子ザルは、生後一歳半まで母ザルと一緒に、離乳後は仲のいい子ザル二匹で過ごす。二年前に私が訪れたときは、四歳の大人になると個別のケージに入れることになっていたが、「今はセンターで育てられた小ザルは全頭ペア飼いをしている」と中村准教授。輸入ザルについても、二年前はすべて一匹飼いだったが、今は供給元で群れ飼いされたサルはペアで飼っており、一八年五月現在で計六〇匹程度をペア飼育している。

カニクイザルは本来、群れを作って行動する動物だ。かつて個別飼育していたサルで、人が来ても近付いてこない、ケージの奥で背を向けて座るなど、「うつのような症状を見せたのが一匹いましたが、今はそんなサルはいません。ペア飼いはまだ全体の一割ぐらいですが、少しずつ数は増えていくと思います」。同センターは一匹ずつコンピューターで心身の状態を把握し、獣医師ら職員が健康管理を徹底するようにしている。

サル飼育室に入った。ケージの中にいる体長四〇～六〇センチのカニクイザルが一斉に私たちを見ながら、落ち着きなく行ったり来たり、「カツカツカツ……」と歯を小刻みに鳴らして威嚇したり。ケージは互いの顔が見えるように向かい合わせに配置され、数の多さに圧倒された。「白衣姿の人間が歩くと、『何かくれるのではないか』と期待して鳴きます。今日は見知らぬ人が来ているのでちょっと警戒しているようです」。

床に落ちた糞尿は消毒・消臭効果がある次亜塩素酸水に塩酸を調合した流水で排出され、室内でも常に噴霧されているため臭いはない。この水は災害などで断水になった際に動物の飲み水としても使える。食事はサル専用の固形飼料が基本で、午後にサツマイモ、バナナなどもあげている。カニクイザルは本来一日中食べ物を探す習性があるので、一粒ずつしか出てこないパズルフィーダーを与え、退屈しないよう工夫しているという。

ケージの中にはつかまることが出来る止まり木が付いていた。職員は退屈しないようにおもちゃを与えたりしているが、「サルはとても頭がよくて、おもちゃもすぐ飽きてしまうんですよ」と中村准教授は苦笑する。確かに退屈しているのか、皆狭いケージの中をひたすら往復していた。

「キャンキャン」大騒ぎ

同センターは、犬の飼育頭数が減ったことを機に一五年夏、EU実験動物保護指令、米ILARの基準に準拠した群れ飼い用のケージ（幅一五一センチ、奥行き一七五センチ、高さ一九〇センチ）を複数導入した。

大きいケージを入れることが可能になったのは「以前は四〇匹ほどだったのが、現在一〇匹余りと犬の数が減ったから」と中村准教授。実験で使った犬の数は、一〇年度は六八匹だったが、一四年度は一五匹だった。一八年五月に確認したところ「今は一三匹」ということだった。

ビーグル犬は、二重になっている飼育舎の扉の外側の入り口に立った途端、「キャンキャン」と一斉に鳴き出した。従来使用してきた古いタイプのケージには「一ヵ月以内の短期の実験中の犬を入れている」という。新しい群れ用ケージは高さが二メートル近いだけあって、犬は上下にジャンプできる。

犬たちはずっと、「キャンキャン」と悲鳴に近い声で吠えながら、中村准教授に「かまって、かまって」と身を乗り出してくる。「鳴き声で難聴になってしまうので、職員はヘッドホンをして世話をしているんですよ」。私は犬たちの絶え間ない甘えぶりに切なくなってしまった。個別ケージで不潔でろくに世話もしない施設に比べれば、ここの犬はずっと清潔で福祉に配慮された環境で飼われている。とはいえ、窓もなく、太陽や風に当たることもない中で一日中過ごし、実験後に処分されてしまう犬を目の当たりにすると、胸が締め付けられた。

また群れ飼いもできる大きなケージを買ったのだから、私は当然「二匹以上で飼っている」と思い込んでいたが、実験していない犬も全て一匹ずつ入れられていた。一八年に再び質問した時も、「ペア飼いはしていない」（中村准教授）とのこと。なぜペア飼いしないのか聞くと、「そこまではやってません。（やることは）難しくはないのですが、そこの理由は……。きちんと対応は……」と言葉を濁し、「でも糞尿など掃除中一〇分ぐらいは全頭ケージから出してますからね。犬同士コンタクトは取れるようになっています。ケージを洗う時は三〇分ぐらいは一緒に自由に遊んでますし」と強調した。

ミニブタは「感染症防止」の点から室内に入るのは許可されず、窓越しに少しみた。三匹ほどいたが、それぞれのストール内でみなじっとしていた。「掃除した後は、ちゃんと自分のストールに戻っていったり、ブタは賢くてかわいいですよ」。

ミニブタは成長しても五〇キロぐらいなので、同大では「実験のための絶食は一日で済ませ、極端な給餌制限はしていない。家畜ブタはミニブタよりずっと安いので使いたがる研究者はいるが、家畜ブタは給餌制限が難しい。ミニブタの長期実験は約六ヵ月間で、「人に近い表皮を持つため、接着剤など素材開発の実験に使われることが多い」という。

コラム

生体解剖反対運動を主導した女性作家

一九世紀の英国で生体解剖反対運動を主導した一人が女性作家のフランシス・パワー・コッブ（一八二二～一九〇四年）だった。コッブは、麻酔すらほとんど使われない動物実験と生体解剖の残酷さに心を痛め、聖職者、貴族、文学者、医師らの署名を集めるなどして法的規制を求めた。一八七六年に動物実験の規制と実験動物の保護を追加した動物虐待防止法が成立。しかし科学者の反対で犬、猫、馬を実験対象から除外し、動物実験の麻酔使用を義務付ける法案が拒否されるなど内容が緩和されたため、コッブは「動物の苦しみを防ぐ効果は半減する」と生体解剖廃止を訴えるようになった。九八年に生体解剖反対の団体を設立し、八一歳で亡くなるまで運動に身を捧げ、社会に動物福祉の概念を浸透させた。団体は一九四九年にＢＵＡＶ（the British Union for the Abolition of Vivisection）に改名して影響力ある団体に成長し、二〇一五年からはＣＦＩ（Cruelty Free International）として活動している。コッブは女性の教育と雇用の権利などを訴え、女性参政権運動にも尽力したフェミニストとしても知られる。

第三章　手術後の動物を看護

「看護的飼育ケア」の実践

実験動物にとってみれば、飼育されていた繁殖場や農家から研究施設に輸送され、初めての環境下で押さえつけられ、実験台にされることは地獄以外の何ものでもないだろう。酷い話だが、特にブタなどは運び込まれてすぐ実験に使われることは珍しくないと聞く。そんな虐待的なやり方ではなく、新しい環境に慣れさせて、恐怖を感じさせることなく実験を行う順化を実践している施設もある。

東北大大学院医学系研究科付属動物実験施設長の三好一郎教授、同施設の実験動物技術者で認定動物看護師でもある末田輝子技術職員、同大動物実験センターの笠井憲雪名誉教授は、実験動物の「看護的飼育ケア」を提唱している。この概念を提唱し始めたのは二〇〇八年ごろから。それまでは、単に「飼育管理」と呼んでいたが、「実験動物福祉に配慮した動物の世話をするためには、統制するという意味が強い『管理』ではなく、『看護』と『ケア』という心遣い、配慮、世話という意味を持つ言葉がふさわしいのでは、と気づいたからです」と末田氏は説明する。

温度、湿度、照明など実験動物の物理的環境は、一般的に「実験データに大きな影響を与える」という理由から厳密に管理されている。一方、動物が感じる恐怖、不安などの精神的なものは、過小評価され、精神的な健康には十分な配慮がなされてこなかった。

末田さんは「動物はストレスにさらされると交感神経が働いて興奮する一方、心身がリラックスして副交感神経の働きが優位になれば、疲労が回復し、免疫力も向上するとされています。再現性のある安定した実験結果を得るためにも、環境エンリッチメントは必須。技術者は動物の身になって考え、愛情を注ぐべきなのです」と強調する。

看護的飼育ケアとは、動物の心と体の健康、術後の回復、苦痛の軽減を目指して、動物が実験施設に到着してから施設の環境と実験処置に慣れさせる順化を行うこと。そして、実験処置に恐怖感を抱かないような環境を整え、実験処置と術後ケア、そして安楽死に至るまでの総合的な飼育を意味しており、特に実験動物技術者の責任は大きい。

順化で恐怖心取り除く

動物は環境の変化に弱い。繁殖場から実験施設に連れてこられると、これまでと違う環境に恐怖を感じて暴れたり、群れで飼われていたのに個別ケージに入れられてうつ状態になったり、大きなストレスがかかり、実験にも影響が出る可能性が出てくる。そこで、順化は、動物福祉を実践する上で重要な作業の一つだ。

実験用に使用が増えているブタは社会性に富み、環境の変化に非常に敏感で、いきなり一匹だけの飼育にすると、恐怖心からえさも食べなくなる。特に家畜用のブタは群れで過ごしていた農場から実験施設に移送され、いきなり個別ケージに入れられるとパニックに陥り、ケージに何度も突進するという。また恐怖と不安でうずくまったり、食欲が落ちたり、同じ行動を繰り返したり、注射や投薬の際は暴れたりする。

ブタを実験に使う場合、本来は最大でも五〇キログラム程度までしか体重が増えないミニブタが適しているとされるが、ミニブタは一匹二〇〜三〇万円と高い。そのため大学などでは家畜の子ブタを一匹三〜六万円で仕入れている。

末田さんによると、ミニブタと家畜子ブタは、体重が同じであれば臓器の大きさはそれほど違わないが、大きな違いは「成長したミニブタは見た目は小さいけれど『大人』、家畜の子ブタは『子供』という観点でとらえて順化を行う必要がある」という点だ。

東北大大学院の付属動物実験施設では、実験用家畜ブタの順化を一〇数年前から行っている。ケージは米ＩＬＡＲなどの基準に沿ったサイズで、群れ飼育用（高さ一・四メートル、幅五メートル、奥行き一・四メートル）を使用。個別ケージを連結してあるもので、目的に合わせて個室にしたり、仕切りを外して自由に動き回ったりできる。

順化の目的は、まず科学的には、開腹、開胸、臓器摘出などの外科手術に備え、病気がないかを調べる検疫を適切に行い、輸送ストレスから回復させて体力の向上を図ること。倫理的には、動物の恐怖と苦痛を軽減し、注射などの時に力づくで保定することがないよう、人に慣らすことなどが挙げられる。

ブタは、施設に連れてこられて一～二日目は複数でケージの奥に固まっているので、その間はそっとしておく。二～三日後に落ち着いてきたら、ケージから出す。おもちゃとして、プラスチック製のダンベル、ビニールのボール、柄つきブラシ、ペットボトル、毛布などを与える。飼育室内で群れで自由に遊ばせると、表情が和らぎ、生き生きとした表情に変わる。おもちゃも同じものではあきてしまうため、時々変えたり、一定の時間だけ与えるなど工夫している。

一週間ほどで人に近付いてくれれば、頭をなでてやる。コンテナボックスや大きなバケツにお湯を入れると「目を細めてその中につかっている」（末田さん）。また一日に何回も排尿、排便をするので、一日二回温水シャワーを浴びせている。「シャワーをかけてやりながら優しく話しかけ、尻や腹をさすったり、頭、首、耳をなでたりするとうっとりしてきて、さらに人に慣れてきます」。手術日が近付いたら、食事だけは一匹にして、食欲を確認し、個々の給餌量を把握、管理している。「このように徐々に個別飼育に慣らすことで、ブタが感じる不安や恐怖を減らすこともできます」。

ブタは頭がよく、怖がりで用心深い。だから無邪気に遊んでいてもわずかな音に驚き、実験のためにつかまえようとすると悲鳴をあげることもある。恐怖を感じると鳴いて暴れる上、血管が見えないので静脈注射も難しい。そこで末田さんは、まずブタに「これは何かな」とリンゴ、バナナ、ミルクなど大好物を見せ、ブタが夢中になって食べている間に、痛みが比較的少ない耳の後ろに抗生剤、麻酔薬などを注射している。「十分な順化によって、注射に悲鳴をあげることもなくなり、術後の管理もしやすくなった。精度の高い実験結果につながることから、研究者から信頼されるようにもなり、動物福祉に対する理解も深まるようになりました」。

順化は、手術の練習を行う同大病院先端医療技術トレーニングセンターでも取り入れている。一四年に開所した同センターでは、国家試験に合格して一、二年目の初期研修医らを対象にブタを使って外科手術の練習を行っている。鉄筋コンクリート二階建てで、動物飼育室では大型のブタ用ケージを二〇余り設置。一五年に訪れた時は、残念ながらブタがいる状態では見せてもらえなかったが、飼育室は掃除、洗浄が行き届いて清潔であり、ブラシ、ボールなどのおもちゃも置いてあった。「ブタは搬入後は群れでそっとしてやり、二～三日したらケージを開けて自由にさせます。かけっこするぐらい自由に遊んでおり、押さえつけたりすることは全くありません」と三好教授。

同センターのトレーニングでは、午前中の一時間の講義の中で、動物実験倫理、実験動物福祉、腹部・胸部手術について説明をしている。午後は、研修医らは飼育室で生きているブタを見てから、麻酔をかけたブタを手術室に運ぶのを手伝う。

トレーニング後、参加者からは「ブタさんへの対応がすばらしかった」「動物の犠牲の上に、自分たちがたくさんの事を学んでいるのだと再認識した」「ブタの命を無駄にしないように技術の向上に努めていきたい」などの感想が寄せられている。ちなみに東北大では、実験動物を扱う全ての研究者に対しても、動物実験倫理、実験動物福祉についての三時間の基本的な講義を必修にしている。

野田雅史・副センター長は「内視鏡の手術などが増えて開腹手術が減っており、外科手術の技量を維持、向上させる機会が減ってきている。人の献体もあるが、倫理的にハードルが高い面があったり、生きた臓器で練習する必要のある場合もあります」と話した。同センターでもブタの使用数は増えており、需要は年々高まっているという。

極端にえさを減らさない

末田さんは〇八年から東北大でブタの世話を始めた。当時はブタの様子に大きな衝撃を受けた。「家畜ブタは個別ケージの中で、退屈な上、実験に備えて極端にえさを減らす給餌制限のために空腹になり、柵をかじり続けたり、左右に行ったり来たり、常同行動をしていました」と振り返る。

子ブタにとって食べることは最大の楽しみ。特に家畜ブタは通常半年で一〇〇キロ程度に成長するほどで、多くのえさを食べる。しかし、大きくなり過ぎると扱いにくくなることを理由に体重を抑えるため、家畜の子ブタは通常のえさの半分程度、生存できる程度の量しか与えられないこともある。

末田さんが英国のＵＦＡＷが作った家畜ブタの給餌制限の基準を調べたところ、「通常の八〇％のエネルギー量に抑えればよい」という文章を読み、実験関係者に極端にえさを減らすことをやめるよう提案。徐々に改善していき、今は過度の給餌制限は行っていない。

「手術トレーニングなどで胃を空っぽにしないといけない時は、できるだけ絶食の時間を短くするため、えさを工夫しています」と末田さん。一般的にブタの飼料は、トウモロコシなど穀物を粉砕したものなので消化されにくく、胃袋にたまりがち。そこで末田さんは最初の三週間は通常の飼料を与え、最後の三日間は消化の良い子ブタ離乳用の飼料を食べさせることを考案した。こうすれば餌の量を減らしたり、極端に長く絶食させなくても胃を空っぽにできるという。

また実験、手術トレーニングのための絶食は一般的に二四時間程度だが、末田さんはえさの工夫により一六時間に短縮させた。「ブタにとって、他のブタが食べているのに一匹だけ何も食べられないのは苦痛です。ですから、そのブタにはリンゴジュースを飲ませます。その後は、群れで遊んだり、寝たりして空腹をまぎらわせる、という方法を取っています」。

しかし、「トレーニングの内容によっては胃を空っぽにするために三日間絶食をさせる施設もある」（実験関係者）と聞く。想像してみよう。例えばあなたが理由も分からず三日間絶食させられたら。かつて私は英国の王立動物虐待防止協会のインスペクター（動物査察官）から、「動物福祉というのは、動物がさせられることを人間に置き換えてみるとよく理解できます」と教えてもらったことがある。自分に当てはめると、絶食や極度の給餌制限がいかに残酷なことかが想像できる。

例えば、繋留所がある実験動物施設では全頭に絶食をさせるが、繋留所がない所は、供給元の農家に指示して事前に実験用の一匹だけ絶食させるという。他のブタは食べているのに、自分だけ訳も分からず三日間も絶食させられる……。子ブタにしてみれば、絶食は虐待としか感じないだろう。

犬もほめたり、なでたり

順化は、実験用のビーグル犬に対してもブタと同じように行っている。実験用に繁殖された犬は、ずっとケージに入れられて育つため、ケージから出そうとしても怖がって出ない。そこで末田さんは、自身がケージの中に入って抱っこしたり、ほめたり、なでたり、毎日根気強く続ける。「威嚇する犬に対しては、ゆっくり近づき、自分の唾液を手の甲につけて、においをかがせます。その時に犬がにおいをかいだり、なめたりしたらかみません。少しずつ安心してくると、おそるおそる自分から出てくる。そして慣れると、飼育室の中を動き回り、他の犬とじゃれたり、遊んだりしてようやく本来の犬らしくなります」。

順化は一部の企業などでも試みが始まっている。アステラス製薬（東京都中央区）は一五年に静岡市で開かれた日本実験動物技術者総会で、一三年からビーグル犬の試験的な群れ飼育を始めたことをポスター展示で発表した。

ポスター展示によると、「ケージは一匹用のものを二～三個連結させて仕切りを取って常時二～三匹が過ごせるように使った」とあった。飛び上がれる高さがある群れ飼い用の開放型ケージを使わないのか、担当者に質問すると、「六〇～七〇匹の犬を飼っているため、スペースやコストの点から開放型ケージの導入は難しい」と話した。私は同社に一七年一一月、群れ飼いの取り組みがどうなったのか、取材を申し込んだが断られたので、書面で質問したところ、「動物関係は微妙な内容なので取材はすべてお断りしている。動物実験は必要不可欠と思っているが理屈が通らない。取材を受けることで、愛護団体から抗議が来る可能性がある」（広報担当者）と拒否された。

「具合悪い動物をほったらかしにしない」――中外製薬

中外製薬（東京都中央区）は〇七年にＡＡＡＬＡＣ認証を取得し、研究発表の場で苦痛軽減などに関する取り組みを発表するなど、製薬業界の中では実験動物福祉に前向きな印象がある。一七年に実験動物施設見学を申し入れたところ断られたが、対面での取材に応じてくれた。同年一二月に同社の鎌倉研究所で、高井了研究本部ＩＡＣＵＣ委員長、渡辺利彦研究本部管理獣医師から話を聞いた。

飼育動物について

――施設を自分の目でみないと取材とは言えないですが、飼育動物の種類は？

高井氏　飼っているのは、サル、犬、ラット、マウス、ウサギ、モルモット、ハムスター。猫、ブタはいないです。魚もいないです、現状。

――犬はどこから買ってますか？

高井氏　入荷は現状、国内でも海外でも動物を繁殖しているので入手経路はあります。

――サルはカニクイザルですか？

高井氏　そうですね。

――犬はビーグル犬だと思いますが、ＡＡＡＬＡＣ認証施設なので基本的には群飼育というかグループ飼育？

高井氏　おっしゃる通りです。社会性のある動物は複数飼育がデフォルト（基本）です。

――他の動物も？

高井氏　その理解で。

――ということは全部そう？

高井氏　そうですね、基本的には。ハムスターは基本的にはあまり社会性がないと言われているので個別飼育ですが。飼育できるものは群れです。

――群れ飼育は、見てないので分からないが、イメージ的には大きなペンケージに二～三匹ずつ仲がいいのを入れてる？

高井氏　その理解で結構です。犬はケージをつなげて大きく使っている。丸くはしてないが、長い距離を走れるようにしている。

――外に連れ出してはいないと思いますが、基本的にケージの中で走らせて……。

高井氏　そうですね。

——一日何分か中で走らせて、屋内に出してる？

高井氏　運動場ということですか。検討はしてますが、常時してはいないです。しかし同じだけのスペースは取れて、走り回ってはいます。特に運動場で走らせなくても、彼らは十分走り回っているかな、とは思います。もちろんそんな考え方、方法もあろうかとは思います。

渡辺氏　ケージは広さも高さもあります。上が高い。かなり大きなケージだと思う。まあ、外に出す必要あるかな。

——外には出してないわけですよね？

渡辺氏　はい。大きなケージを二～三つ、あるいは四～五つぐらい連結して使ってます。

——窓はないですよね？

渡辺氏　窓はないです。

——けんかはしますか？

渡辺氏　たまにあります。小競り合い。そんなに大きなけんかはしない。

——群れで遊ばせたほうがいいですか？

渡辺氏　毛づやもよくなります。

——何匹ぐらい？

高井氏　数は公表していません。複数いる。

——広いスペースは取っている？

高井氏　スペースは広いと思います。

――ウエルフェアを重視しているから、ストレスで状態が悪くなることはない？

高井氏　毛づや、顔つきはいい。元気ですよ。犬らしいですよ。

渡辺氏　ブラッシング、爪切り、歯石除去もやってます。

――雄雌分けてますか？

渡辺氏　分けてます。

――去勢せずに使っていますか？

高井氏　そのままです。

――去勢していないと気性が激しくならない？

渡辺氏　犬は子どもの時からすごくおとなしいです。

高井氏　群れで生活する遺伝子を持っているので、群れで生活することは問題ない。毒性試験ですと、生殖器に対する毒性をみないといけない。去勢すると評価できない。避妊処置は考えません。

――サルはどうですか？

渡辺氏　ペア飼育。二匹ずつ。

――三匹で飼育は？

渡辺氏　昔は大きいケージもあったのですが……。

――群れ用ケージ？

渡辺氏　一匹飼いのケージで仕切りを取って。

——サルもたくさん飼ってますか？

渡辺氏　まあ、複数。

——マウス、ラットは二〜三匹ずつ？

高井氏　五匹ぐらいは一緒に。

——ウサギは一匹ずつ？

高井氏　一匹ずつのケージをつなげている。

——見学させてもらえないので、私は確認することができません。

高井氏　現状、一般の方向けに施設紹介はしていません。防疫上の観点から。

——お知り合いには実験施設を見せてると聞いてますが……。

高井氏　知り合いというか、私どもで講演を頂くアカデミアの先生にはご紹介するケースがございます。決して一般の人に広く公開しているわけではございません。

動物実験委員会について

——動物実験委員会メンバーに外部の人を入れてますよね？

高井氏　現状一三人のメンバーのうち二人は第三者委員。

——どういう立場の人？

高井氏　一人は保険の外交員、一人は看護師。
――この人たちは御社と全く利害関係はない？
高井氏　全くございません。
――任期はありますか？
高井氏　特にございません。
――この外部の人は一～二年前に聞いた時と同じですね。変わってないということですね。
高井氏　変わっておりません。
――この人たちに頼む理由は？　たまたまこの職業ということ？
高井氏　そうですね。
――AAALACでは外部の人の選び方は任されているんですか？
高井氏　はい。「市民の代表」として利害関係のない方を選ぶこと。施設側に任されています。
――外部の人数は決めていますか？
高井氏　ここの人数は決まっていない。一人でもいい。
――実験計画の審査ですが、例えば動物実験委員会委員長の実験を審査することはありますか？
高井氏　私は委員長ですが、自分の実験計画は審査できないです。
――それはAAALACの決まりですか？
高井氏　自分が書いた計画を自分で審査するとチェック機能が働かないので。メンバーにサイエンティストもいますが、その人の実験計画については審査から外れてもらいます。そうでないと、中立性、客観性は保てない。

――外部委員に動物保護団体の人を入れるとか、考えられますか？

高井氏　動物実験に反対する人は一般市民の代表にはなりえない。

――実験に反対する人ではなく、愛護団体の人とか。

高井氏　保護活動とかそういう意味ですか？

――はい。地域猫活動とかしている人。実験に詳しい人じゃなくて。

高井氏　十分候補になりうると思います。

――実験計画は年間どれくらい？

高井氏　私どもの施設で年間四〇〇～四五〇本ぐらい。

――例えば実験委員会で侵襲的な実験については、特別に倫理委員会などで話し合う場はありますか？

高井氏　大きく二つの審査方法があります。一つは計画だけを委員で回覧して確認してやり取りする。もう一つは、動物への負荷が高い実験、これまで私たちがやったことのない実験については、一三人の委員が集まっている場に試験責任者を呼び、「こういう試験内容で、動物にこういう処置を与え、この程度の負荷になります」という説明をしてもらう。これまでのデータを含めて説明してもらう。こうした中身を精査していく取り組みをしている。

──動物への負荷が高いとか、やったことのない試験は軌道修正はしてもらいますか？

高井氏　内容によります。目的を達成するために必要最小限の動物の負荷になっているのか、その視点で審査するので「この負荷は必要ない。計画の中身を修正してください」ということになります。

──それは薬の安全性ですとか、効果とかの試験ということ？

高井氏　そうですね。大きく（分けて）効果を見る試験、毒性、安全性を見る試験、そして薬物動態を見る試験ですね。

──薬物動態は全身をどう巡っていくか、という試験？

高井氏　そうですね、実際（薬、化合物が）どのようにして吸収され、代謝して排出されるか、一連の流れを確認する試験。

──その場に渡辺先生もいらっしゃる？

高井氏　もちろん、獣医師が入ることはルールになっています。

──「その試験はやっぱりやめよう」ということはあるのですか？

高井氏　理屈上はございます。実際にその試験を中止というか、「これは止めなさい」といった内容の試験はございません。ないです。

──「負荷は必要ない」というのは、例えば鎮痛薬を使えないとか、そういった時のこと？

高井氏　それぞれ目的があります。「安全性をみたい、体に入った時の全身的な代謝、吸収をみたい。薬の効果をみたい」……。目的にきっちり合ってる内容ならいいんですが……。例えば目的に合ってないような、「興味があるので、ここも見てみたいです」というのは、興味があるから見たいのか、科学で必要だから見たいのか、そのへんを精査する。一つ一つ確認していって、科学的に確認できれば入れるべきだし、「なくても評価できるのですが」ということなら、動物の負荷は減らしてもらう。

たとえば採血の頻度。十分評価できるなら、回数を減らしたほうが動物にも優しい。評価ができるなら、そのような形で薦める。

――絶食の頻度もある？

高井氏　もちろん。ございます。

――実験委員会のメンバーの顔ぶれは変わらない？

高井氏　人事異動があれば、後任を選んでもらう。けっこう、社内メンバーは流動的です。

――計画をメールで確認し合う？

高井氏　「たとえばこれはどういう意味ですか？」と聞く。科学的な説明をやってもらう。やり取りも全て記録として残します。

――一三人の前で実験の実施者が説明する頻度は？

高井氏　今は毎月委員会を開いて、その中で確認します。苦痛度が高い試験は月一本。だから年間一〇本とか、多い時は月二〜三本。たまたま今年はその程度です。

実験を監視する活動

文科省の動物実験の指針には、動物実験は動物実験委員会の承認を受けないと実施できないこと、実験後に同委に結果報告をすることが定められている。しかし実験計画承認後、その実験が計画通りに適切に行われるのか、動物の苦痛軽減、人道的エンドポイントは守られているのかなど、実験のプロセスを監視することについての決まりはない。

一方、一一年に八回目の改訂が行われた米ＩＬＡＲ指針では、「動物のウエルビーイングを保証するため」として、承認後の実験が動物福祉、労働安全衛生の観点から適切に実施されているのか、動物実験委員会が継続的に監視する活動「ＰＡＭ」（Ｐｏｓｔ　Ａｐｐｏｒｏｖａｌ　Ｍｏｎｉｔｏｒｉｎｇ）が新しく入った。

ＡＡＡＬＡＣも当然ＰＡＭを取り入れている。中外製薬の高井氏は一六年九月、埼玉県川越市で開催された日本実験動物技術者協会総会のセミナーでＰＡＭの実践例を紹介した。同氏の説明によると、ＰＡＭを行う対象は「苦痛度の高い試験（実験）、今まで実施例がない実験、大規模な手術を伴う実験。現場のモニタリングは、規程に沿った操作がなされているか、飼育環境は適切か、動物は健康か、外科処置、麻酔などの記録は適切に残されているか、などをチェック。その後、動物実験委員会で調査内容について協議し、実験責任者に調査結果を報告して改善点を提案することもある」という。

動物実験委メンバーによる視察は、「予告して行ったり、しないで行ったり、月に二～三回は行っている」と高井氏。心がけていることの一つとして、「動物実験委のメンバーが現場に『なぜルールを守らないのか』と追及すると、『机上の正論ばかり言わないで』といさかいになったりする。そうなると、肝心の実験動物が置き去りになり、動物福祉が進まない。ですから、現場には『どうしたら、適切にできるのか』と問いかけて、彼らなりの解決策を見出すように心掛けています」と話した。以下は一七年に同社で取材した時のやり取り。

――日本の動物実験委員会だと、計画通りに実験をやったら終了の届け出を出して終わる。PAMの大きな目的は、計画通りにちゃんとやっているのか、苦痛軽減とかエンドポイントが適切かどうかをみることもありますよね？

高井氏　非常にいいポイントだと思います。結局AAALACは動物福祉を達成しなさい、ということが言いたい。動物に不要な痛みとか負荷をできるだけかけるな、というのが考え方。そこを達成するためのガイドだと考えてもらうと分かりやすい。もちろん計画通りやることを確認することも大事ですが、「それで動物は痛い思いをしていないの？」という問い掛け。実際に動物を扱う研究者とチェックする私のような立場の人間が協力関係を構築できると、動物にとっていいことになるでしょ、ということ。動物のウエルビーイングの精神を培っていく。ここを達成するための一つの手段としてPAMをやる。ですから監査とか、そういった意味合いでやるのではない。言われたこと、書かれたこと通りにできたのかを見ることではない。

――PAMを数年やって、改善、効果は出てますか？

高井氏　よい効果と言われるとお答えは難しいんですが、少なくとも効果は感じられるケースは増えてる。具体的には、動物が放っておかれるというのはぐんと少なくなってますし、あとは相談が増えてきている。「こんな処置、対応をしてもいいでしょうか」とか。もしくは「こんなことを考えていて、こんなことをやりたいんだけれども、これって福祉的にみて大丈夫でしょうか」とか。つまり、現場が動物福祉を考えるからこそ「そこ（福祉）を達成できないのではないか」ということを心配している。そういった側面では効果は出ているのではないかと感じている。気軽に相談してくれるようになったのはいい兆候かなと思います。

――動物がほおっておかれる、ということは鎮痛処置とかがおざなりになっている部分がある場合ということ？

高井氏　基本的にそういうことです。動物が少しでも体調が悪い時に一番やってはいけないのは、その場にほおっておくということ。

――見逃すということ？

高井氏　そうですね、見逃したり、確認ができてもほおっておかれるということ。「今日は忙しいので、また明日見に行こうか」みたいなことは、こちらも特に注意している。「具合が悪いんだったら、今すぐに見に行って下さい」ということ。

――それは富士御殿場研究所（静岡県御殿場市）でも鎌倉研究所（神奈川県鎌倉市）でもやっている？

高井氏　もちろん。渡辺管理獣医師は一人しかいませんから、現場に常勤する獣医師がいますので。鎌倉に二人、御殿場に三人。管理して統括するのは渡辺です。

――二人の獣医師は研究もやる獣医師？

（高井氏、渡辺氏　うなづく。）

――渡辺さんは獣医学的見地からみるＡＡＡＬＡＣの選任獣医師ですよね？　実験はしないですよね？

（渡辺氏　うなづく。）

――ある大学の計画が終了報告なのに現在形で書いてありました。申請書と終了報告書が全く一緒で実験の中身を振り返っていない、文章が過去形にもなっていないことを指摘したら、相手から「計画通りにやったことを書くのが終了報告だ。そんなことを言うあなたがおかしい」みたいなニュアンスの返事だった。そう言ったのは、ＰＡＭみたいな考え方が全くないということですよね？

高井氏　委員会の姿勢だと思います。

――日本は指針通りにやれば、それで通りますからね。

高井氏　私も国内法に則して終了書を出してもらいますが、別に現在形で出そうと思えば出せますね。ただそれを私たちは確認して承認するので、おかしければ送り返して「内容に問題があるので、実際にやったことを書いてください」と言います。PAMをやっているか否かの問題ではなく、その実験委員会の資質の問題だと思いますけど。

——それも侵襲的な実験だったのですが、内容がよかったのかどうか後で振り返るという視点はないのかな、と感じます。「コピペの方がいいだろう」と……。国内法には全く触れていないので。御社は、複数の鎮痛薬を併用するマルチモーダル鎮痛法などげっ歯類からサルまで原則実験で鎮痛処置は使っていますか？

渡辺氏　場合に合わせて。マルチモーダルをやった場合がいい時とシングルでやったほうがいいときがある。侵襲度が高い場合は複数の鎮痛剤（薬）、ちょっとしたけがの治療、皮膚を縫うのはそこそこの鎮痛剤。なんでも打つのがいいわけではない。人間の場合もそうですが。

——細かくみている？

渡辺氏　計画の段階で審査する。試験をすすめる中で決めることもある。

——日本はマウス、ラットで鎮痛薬を使っていない施設があるじゃないですか？

渡辺氏　私の施設では、ベースは疼痛管理はする、ということ。その上でどういう形で、試験によってはなかなか打ちづらい場合もあり、獣医師と相談しながらどういう苦痛度の軽減があるのか個々の話。我々もこの仕事を始めて初期のころは、確かに鎮痛剤を使うことについては実験者と私どもでいろんなことがあり、「薬効がききにくくなるじゃないか」と。今はみなさん理解できるようになってきた。うちの施設はそんなに打たないケースはない。

――打たないケースはない？

渡辺氏　極端な話、鎮痛剤の研究のために鎮痛剤使わないケース。薬効評価が非常に阻害される。

――そういうケースもあるってことですか？

高井氏　うちはそういうケースはほとんどない。オペやった後鎮痛処置しません、というケースは私の記憶ではない。

――選任獣医師として動物の症状が悪い時に実験をストップさせる権限はありますか？

渡辺氏　状態が悪い時に安楽死させてください、と言うことはあります。指示することはあります。それで断られることはないです。

――渡辺さんは、状態が悪い動物の実験をやめて安楽死させる権限はもってる？

渡辺氏　はい。苦痛度の高い実験をしても、精度のいいデータは取れないんですよね。手前のところでいいバランスで。動物福祉にとってもいい。無茶なことをする人はいないですね。

――苦しんでる場合に瀕死に近い状態で続行してもデータは取れない？

渡辺氏　取れないですね。

――たとえば、苦しんでる期間が夜中、明け方はだれも見てないですよね？

渡辺氏　基本的にそういう場合は前の日に相当兆候があります。なので就業時間前にだいたいの場合は安楽死する場合が多いですね。僕か配下の獣医師がみている。不慮の事故が全くないとは言いませんが、手前のところで安楽死。夜中に一匹で死ぬケースとしてはない。

——瀕死状態になる前に安楽死はさせてる？

渡辺氏　はい。

——難しいところですね。

渡辺氏　はい、悩む所です。判断が難しいところはたくさんあります。最終的には動物のことは動物にしか分かりません。

——動物はものを言えませんからね。

渡辺氏　そうですね。

——飼育管理は実験動物技術者がやってる？

高井氏　飼育管理専門の方がいらっしゃいます。

——動物看護師はいる？

渡辺氏　看護師はいません。獣医師が対応。鎌倉、富士御殿場、浮間（東京都北区）の三研究所で実験し、渡辺が統括として定期的に巡回しています。

届け出制・登録制導入について

——業界として、来年にも改正の議論が予定されている動愛法に届け出制、登録制導入は反対ですか？

高井氏　私は製薬協（日本製薬工業協会）の人間ではないので。

――中外製薬としてはどうですか？

高井氏　個人的には見解としてAAALACのサイトビジット（視察）は三年に一回受けているし、動物実験施設の管理状態をみる医薬品GLPの実地調査も受けている。見られて困ることはない。別段、今より厳しい法規制になっても私どもは困らないと、個人的には思います。何を心配しているのかと言うと、薬を研究できない環境はなんとか避けたい。それが達成できるのであれば、いろんなことは受け入れられると思います。見られて困ることはないです。どこか反対しているんですか？

――きちんとしている施設の人は登録制でもいい、とおっしゃる。実施的に厳しくなるわけではないので。ちゃんとしていない所もいいという。静岡県は愛護センターが見に来てますね？　富士御殿場研究所にも来ましたか？

高井氏　一番最初に来たときは施設の中まで見に来られた。二回目以降は改修されてなければ、書類の確認だけで。行政の先生の話では強制力はないと。「いつでも入ってもらっていい」と言ってますが。八年ぐらい前に一度中に入って確認されたと伺っています。保健所の人が来たと聞いている。

代替法について

――御社の創薬の開発期間、コストは？

高井氏　一般的に通常一〇年、プラスマイナス数年。開発費は検体に依存するので、いくらとはいいづらい。数百億とか言われています。

――候補物質の探索では代替法を使っている？

高井氏　もちろん。基本的に薬の開発とは、ある程度ターゲットを決めて、そこに作用する薬を作ればこの病気に効くのではないかと（考える）。ターゲットを決めた後に、たくさんの化合物を合成する。何万ものある候補から絞り込んでいき、最終的に薬として開発していく。絞り込む過程でスクリーニング的にいい化合物をピックアップするために代替法を使っている。

――代替法は細胞、シリコ？

高井氏　いろいろなものを使っています。

――細胞はどういうものを使っていますか？

高井氏　細胞については、ヒトの細胞。基本的にはヒトのものを使うケースがずいぶん増えています。シリコは基本的にはビッグデータ。たくさんの情報を入れて、こういう化合物の特性をもっていると、こんなところに効果を示しそうだ、こんな所に副作用が出てきそうだ。そんなデータです。

――御社のデータ？

高井氏　そうですね。

──御社以外のものは？

高井氏　例えば化学品メーカーだとＱＳＡＲとか、国際的なビッグデータを使っています。製薬協で一部そういった取り組みが進んでいるとは聞いてますが、私は専門外で答えられない。

──絞り込んだ後で実験するときはどの程度、代替法を使っていますか？　動物実験が主流と考えていいですか？

高井氏　まず動物実験の位置付けを理解してほしい。代替法で科学的にできるなら置き換えます。実際にやっている。ただ現状のサイエンスでは生体のホール（全体）と考える。（体全体は）残念ながら代替できるものはない、というのが一般的な考え方。それに合わせてレギュレーション（規則、規制）もできている。使えるものは使う、しかしホールでみないと分からないものは動物実験する。

──化粧品の代替法は、今使えるのは光毒性、皮膚感作性とか五つぐらい試験がありますが、医薬品で何か使えているものはあるんですか？

高井氏　もちろん、代替法があれば置き換えていってる。細胞、安楽死処置後の動物の臓器、皮膚などを持ってきて評価している。随時変更している。化粧品に関しては局所的に作用させるものなので、代替法でできれば、それは素晴らしいことだと思っています。ただ医薬品は体全体でみるから動物実験をしている。

──例えば農薬業界の関係者は、代替法が一番やりやすいのは医薬品と化粧品だっておっしゃる。農薬、食品は食べてしまう、医薬品は副作用あればやめれるから、と。ざっくりした言い方ですが……。代替法開発で化粧品の次に可能性が高いのは医薬品なのかなと？

高井氏　そこらへんは個々人の意見は違います。まず医薬品メーカーは薬を患者さんに提供することが仕事。ここを目的に活動しています。「なぜ動物実験をするのか」というのは、私たちは「動物実験をしなければ薬の開発はできない」と今は考えている。それには二つ理由があります。一つは法律で動物実験が求められていること。科学的に生体をホールで見たときに、必要だからやっている。その上で、もし将来的に生体ホールを見る代替法が確立され、科学的に安全性が確認できれば、わたしたちは動物実験はせずに薬を開発しているでしょう。動物実験をすることが目的ではない。

――では（生体全体としてみれる代替法が）確立してきたら、使いますか？

高井氏　基本的には外で確立された方法を取り入れて置き換えていくことが主になると思います。またスピードというものはとても大事。この代替法が確立できなければ、この薬を開発できない、ということになるとどんどん開発が遅れていってしまう。やはりあるものを導入していくことはスピードとして重要。アカデミアの先生、公的機関の先生が代替法に取り組んでいることは非常に素晴らしい。研究が進めば、患者さんに還元できる。

ミニブタ生産・受託試験のオリエンタル酵母

医薬品、化学製品の安全性試験、薬の効果を確かめる薬効薬理試験などを行う日清製粉グループのオリエンタル酵母工業（東京都板橋区）は、長野県伊那市のMPセンターで実験用のゲッチンゲンミニブタを生産している。

一五年一〇月に静岡市で開かれた日本実験動物技術者協会総会のセミナーで、オリエンタル酵母工業の担当者は、同社がEUや米ILARの指針に沿ってミニブタを群れ飼いし、順化する一つの手段としてクリッカーを使った方法を紹介した。

担当者はミニブタの供給先の実験施設に対して「ブタは輸送される時、狭く暗い所で一匹にされるとナーバスになります。ですからブタが到着したら、一〜二日はそっとしておいてください」と話し、クリッカーによるトレーニングを紹介した。クリッカーとはしつけに使う器具で、例えばブタが体重測定の台に載ったら、音を鳴らすと同時に餌を与えたり、抱っこしたりして、楽しい記憶を覚え込ませる方法。講師は「順化すると、注射の時なども落ち着いた状態でできるようになる。私も過去の経験では、ブタに処置をする際は金切声が上がってましたが、順化すると静かになり、少ない人数でできます。採血時にブタを無理矢理押さえつけると、暴れて赤血球が多く出て多血症（血液が詰まりやすくなり、頭痛、皮膚のかゆみ、脳梗塞などを起こす病気）になる可能性があり、実験データにばらつきが出ます。よくお客さんから『順化する時間はない』と言われますが、海外では『順化しないから（ブタが抵抗して）時間がかかるのだ』と言われますよ」と述べていた。

私は一七年一一月、同社にミニブタの飼育施設の見学と順化に関する取材を申し込んだが、「AAALAC認証を受けたミニブタの飼育施設は、環境管理、微生物管理が行われており、飼育スタッフ以外入室することができません」と断られた。ただし、一八年一月に中川真佐志社長、鈴木浩昭バイオ事業本部長代理、広報担当者らが東京都の本社で取材に応じてくれた。

同社は一一年、デンマークのエレガード社とゲッチンゲンミニブタを国内で生産・販売するライセンス契約を交わし、動物福祉を重視するエレガード社の順化方法を学び、一三年からミニブタの生産を始めた。順化方法は、動物と目線を合わせて「人間は怖くないよ」と思わせ、飼育場で一緒に遊んだり、バケツ、鎖などのおもちゃを与えて退屈にならないようにしたり、体重測定の台に載ったら、「いい子、いい子」と抱っこしたりして、時間をかけてかわいがるやり方。日本実験動物技術者協会のセミナーで講演したクリッカーを使うやり方は納入先の会社や大学が取り入れやすい方法の一つとして紹介したという。クリッカー使用は「ある意味、手間が省けるやり方。抱っこしたり、なでたりする私どものやり方はとても手間がかかる。MPセンターはミニブタしか飼育していないから一〇〇%集中できますが、大学の先生方、企業の方は講義などもあり、取り入れやすい方法として説明しました」（中川社長）

MPセンターはミニブタの生産、飼育だけ行い、受託した安全性試験、医薬品の薬理薬効試験は岐阜県岐阜羽島市の日本バイオリサーチセンター（NBR）で行っている。ミニブタの他は犬とウサギを国内で生産。マウス、ラットを日本チャールズ・リバー社の商品の代理店として販売している。一五年三月にMPセンターはAAALAC認証を取得し、「犬とウサギの生産施設、NBRについても認証を取る準備を進めている」という。

正確を期すために以下にやり取りを記述する。

――御社はブタの給餌制限とか、絶食はやっていますか。

鈴木バイオ事業本部長　MPセンターではやってない、という意味で……。

中川社長　家畜ブタは二〇〇キロぐらいになりますから。（子ブタに）ものすごく給餌制限をして、ガリガリにして使うのがかつての試験方法だったんですね。でもガリガリの死にそうなブタを使っても全く意味のない試験になってしまう。そこでドイツのゲッチンゲン大学がミニブタを開発したのです。

――ミニブタの見学は難しいですか？　コンベンショナルじゃないんですか？

中川氏　まあ、SPFです。

――創薬はやっていますか？

鈴木氏　やってません。

――基本は受託試験ですか？

中川氏　試験としては、いろんな研究をする試薬というのがありまして、そこからスタートしまして、最後は安全性試験。その後は、今はほとんどなくなりましたが、ウサギを使った発熱性の試験（試験薬をウサギに投与し、発熱性物質の存在の有無を調べる）の受託。いろんな創薬に関わるベーシックなサポートをやっています。

——発熱性試験ですか。

中川氏 ウサギを使ってかつてはやっていたんですが、今はカブトガニの血清を使った試験が主流。

——ウサギはもっぱら販売ですか？

中川氏 販売。北山ラベス（伊那市の実験用ウサギ、犬の生産をする会社で一九八五年に子会社化した）は元々別会社だったんですが傾いてしまって、会社がなくなるとウサギの供給がなくなるということで我々が引き取ったという形。まあ、サリドマイド事件（一九五〇年代後半に発売された睡眠薬のサリドマイドを妊娠初期に服用し、手足が短い子どもが生まれた問題）というのがありまして。ラット、マウスでは（障害が）全く出ない、ビーグル犬でも出ない。ところがウサギでは同じような結果が、人と同じような症状が出たと。特に日本ではウサギの試験を最後にもっていきましょうね、というのがあったんですけど、今はコンピューターがいろいろ発達しているみたいで、相当その数は減ってね。

鈴木氏 だいぶ減ってます。

中川氏 この辺の動物は一つの役目を終えて消えていくとは思ってますけど。

——じゃあ、あと犬は安全性試験に使われるってことですか？

中川氏 使われていますけど、ものすごく数は減っている。

——御社が受託している？

中川氏　生産はしています。受託も一部やってますけど。厚生労働省のメニューに「こういう試験をやりなさい。マウス、ラットだけではだめですよ。中動物をやりなさい」と。今でもそういう試験は実施されていますけど、数は減ってます。ご存じのように今、『ピカ新』（新規性、有用性が高い画期的新薬）と言われる、まっさらな新製品は逆に出てこないじゃないですか。そういう試験全体が減ってきている。さらに私どものようにビーグル犬ではなくて、ミニブタに代用していこうという体制になってますんで。

――ビーグル犬が減った分、ブタが増えているってことですか？

中川氏　思ったほど増えてないですけどね。根本となる薬の候補がどんどん出てこないと増えないですね。

――日本にアメリカ、中国から輸入されている犬ありますよね。

中川氏　マーシャルとか。

――ええ、あれは主に何に使われているんですか？

中川氏　安全性試験、薬効薬理試験に使われています。我々も（ミニブタを）プロモーションして。実際に試験した結果をネイチャーとかに先生方がちゃんとした論文を書くには、「どこのブタを使いましたか」と聞かれて、「○○県の家畜ブタです」と書いたら、まず通らないですから。

――そうなんですか？

中川氏　はい。ゲッチンゲンミニブタは唯一ＦＤＡ（米食品医薬品局）で認可されているミニブタなんです。ちゃんとしたやつを使わないとしっかりしたペーパーにならない。

――そうなんですか。大学って結構家畜ブタを使っているじゃないですか。

中川氏　それは論文というよりは、ある実験をしたい、ということだと思いますけどね。

――ＡＡＡＬＡＣは認証を取る、取らないで評価は違いますか？

中川氏　日本だけのことを考えたらほとんど変わらない。海外に売りたいとか、製薬会社さんとかはＡＡＡＬＡＣ施設で試験をしているのは一つのエビデンスになる。クライアント向け。ただ海外の試験もどんどん減ってますからね。ライフサイエンスの部門はビトロの試験はいろいろ（ある）。ｉＰＳ細胞を作る培地とか、どんどんそういった方向へ安全性だとか、薬効だとか移っていくと思いますけどね。

――安全性試験の動物使用は減りつつあるということですか？

中川氏　はい。

――動物の話ですが、ミニブタ施設は屋内で窓はないですよね。

鈴木氏　ないですね。

――犬も散歩はさせてないですよね。

鈴木氏　ミニブタは中で、犬も中で。

――運動する場は。基本は群れ飼いですか？

鈴木氏　そうです。

――ウサギはどうなんですか？

中川氏　ウサギはケージ。

――ウサギも群れ飼いですか？

中川氏　最初は親といますけどね。大きくなれば一匹で。

――ＡＡＡＬＡＣ（のルール）はウサギとかも群れ飼いですよね。その辺もクリアされようとしてるわけですか？

鈴木氏　群れ飼いもそれがいいのか、悪いのか、今そういう議論がされていると思う。一般的に。ウサギが（群れ飼いでは）けんかしてしまうんじゃないかと。われわれもケージのサイズを確認しながらＡＡＡＬＡＣ認証に向けて準備をしています。

――二〜三匹ケージで仕切りを取るような？

鈴木氏　そうそう。

――犬はどういう風な感じで飼っているんですか？

鈴木氏　犬はケージですね。

――基本は一匹ずつ入れて、ある時間になったら真ん中の通路に出して自由にさせるとか？

鈴木氏　はい、通路に。

――何分ぐらい？

鈴木氏　時間的なことは頭に入ってなくて申し訳ない。

――掃除する時に真ん中（の通路）に出すということ？

鈴木氏　おっしゃる通りです。掃除する時に通路に出す。日に何回かはちょっと……。

――けっこういるんですか。何匹ぐらい飼っているんですか？

鈴木氏　……。

中川氏　数百頭？

鈴木氏　はい、いますね。

――ミニブタも数百匹いるんですか？

鈴木氏　在庫としては一〇〇切ります。

――そんなものですか。

中川氏　しょせんビジネスになってないということですよ。

――ミニブタは一匹二〇～三〇万円する？

（鈴木氏、うなづく）。

――選任獣医師は付けてますか？

鈴木氏　はい、MPセンターに。もう一人獣医師を付けています。犬、ウサギの施設にも獣医師はいます。

――猫は使っていないんですか？

中川氏　いないと言っていい。ほんのちょこっとだけ、どうしてもという時に。

——猫はどういう時に使うのですか？

鈴木氏　ヒスタミン……。

中川氏　神経毒のヒスタミンだよね。

鈴木氏　どうしても避けられない。

動物実験委員会

同社は本社バイオ事業本部長の常務を長にとりまとめの組織があり、その下に北山ラベスなどの子会社が福祉委員会を作っている。実験動物の生産を行っている子会社の福祉委員会は「法律や基準改正の講習会などを行っている」（鈴木氏）。動物実験を行うNBRには動物実験委員会があり、一一人の委員のうち一人は外部委員として一般市民を入れているという。

——例えば、すごく過酷な実験は、もう一回実験する人に来てもらって説明させるとかしてますか？

鈴木氏　没になる試験もあります。

——あるんですか。

鈴木氏　はい。例えば、NBRでこの試験は適切か？　と。これは適切じゃないと……。

中川氏　常務の所まで上がってきて没になることはあるのか。
鈴木氏　ない。ＮＢＲの福祉委員会のメンバー（の中で決める）はあります。
――没になることがあると？
中川氏　あります。それより、クライアントから言われた時に「それはできないですよ」って。自分でできないからってこっちに持ってこられてだめになる場合もあります。
――クライアントに断る場合があるということですか。
中川氏　はい。
――断れますか。
中川氏　はい、なぜ持ってきたかわかりますから。
――他で断られたとか？
中川氏　自分のとこでできないから。
――通常は実験計画の審査はメールでのやり取りですか。マウス、ラットとか決まった試験は委員でメールで回覧し、過酷な試験や、やったことがない試験は実験者を呼んで話をさせるとか？
中川氏　まあ、それは製薬会社とかのケースなんでしょうね。我々は「こういうことやってください」と言われて、その時点でどんな試験か分かってますからね。もうメニューになってます。「こういう試験が入りましたからこの数でお願いします」って。
――外部検証で、ＨＳ財団とか日動協から動物実験委員会の有無を聞かれていると思いますが。

中川氏　一社一社がＡＡＡＬＡＣ、ＨＳ、日動協……という風に取ってます。それを管理監督するためにバイオ事業本部から紐付きにして、勝手な判断をしないように、遵法精神であったり、コンプライアンスであったり、きっちり守られているか否か。さっきのような組織になっている。

鎮痛薬使用について

――動物実験で疼痛管理、鎮痛薬は使っていますか？

鈴木氏　痛みを抑えるために、わざわざそういう薬を使うということですか。

中川氏　麻酔を使わずにっていう意味ですか。

――麻酔にプラスしてという意味で。

中川氏　麻酔使ったら寝ちゃってるもんね。

――基本は麻酔なんですね？

鈴木氏　麻酔、非麻酔がありますが、さっきの委員会で……。

――術後に痛みが残る場合でも、鎮痛薬は基本使わない？

鈴木氏　使わないです。投薬したら、何がなんだか分からなくなる……。

中川氏　それも結局は、３Ｒとか４Ｒとか言いますけどね、やはりリファインされた精度の高い実験をやろうとしてますから。そういう他の薬をあげる、鎮痛薬でも何でも結局副作用ありますからね。それが妥当なのかどうか。ちゃんと結果が出なくて繰り返し同じような試験やったら、さらにむごいことになっちゃいますからね。

――でも試験によっては、二週間とか一ヵ月とかあるわけじゃないですか。侵襲的なものもあるわけですよね？

中川氏　もちろんです。

――ミニブタとか犬にしても、基本的に鎮痛薬を使わないということですよね？

中川氏　使っている所ってありますか。

――製薬会社で厳しくやっている所、AAALAC認証取った所とか。

中川氏　私調べてみますよ。そんな余計な薬を与えていて、それが正しいかどうか分からないじゃないですか。

――でもAAALACって疼痛管理ってありますよね？

中川氏　ありますけど。ただ、それが何のためにやるのか。だったら最初から試験やんないほうがいいじゃないですか。結果が確かなもんじゃないのに試験やらせるほうが。AAALACでどういう鎮痛薬を使えって指示をしているのか、調べますよ。鎮痛薬を飲ませて試験をやって結果が正しいと思う？（と鈴木氏に）

――麻酔オンリーという所が九九％ぐらいなんですかね？

中川氏　誤解されてるかもしれませんが、そういう試験はやらないと思います。要するに鎮痛薬を飲ませないといけないような試験を。そっちのほうがよっぽど虐待的な試験をやってる。

――基本的に毒性試験、安全性試験で鎮痛薬とかは投与しないほうが正しいと？

中川氏　はい。実験動物用の飼料を見て頂ければ分かると思いますが、重金属はこれ以下ですよ、こういった農薬は入っていませんよ、とか一生懸命検査して出荷しているんですよ。それなのに、実際の試験で他の薬物を投与しましたよ、というのは。私はその感覚で何十年もやっているものですから。せっかく重金属、農薬はｐｐｍ（一〇〇万分のいくらなど割合を示す数値）とかｐｐｂ（一〇億分のいくつかを表す単位）の世界ですよ。

――鎮痛薬みたいな余計な薬を入れたら、ちゃんとしたデータ取れないじゃないかと？

中川氏　はい。

――もし使っているとすれば、それは有効性試験とか、侵襲的な基礎的なものということですか？

中川氏　なんでしょうね。それにしたって、鎮痛薬が効いているかもしれないね。いろんな作用持ってますから。

――でも使っている所があるんですよ。

中川氏　ですから、私だめだとは言ってません。

――えさに混ぜる毒性試験だったらあげてないでしょうね。多分、切り貼りする試験でしょうね。

中川氏　機械の埋め込みみたいな。それは薬の作用は関係ないもんね。それはあると思いますね。

――ウサギの目刺激性試験（ドレイズ試験）てあるじゃないですか。あれは確か代替法としてＯＥＣＤテストガイドラインの一つで麻酔使ってやるようにと。

鈴木氏　まずドレイズ法をやらなくなってますよね。やるんだったら麻酔使えよと。

中川氏　そういった試験は培養で作った細胞でやる。小腸の透過試験（薬がどれくらい小腸に取り込まれているかをみる）もCaco—2（ヒト結腸由来がん由来）細胞を使ってやってる。動物もう使わないですから。

——（AAALAC認証がある）MPセンターの動物実験（福祉）委員会は何人ですか？

鈴木氏　委員長入れて八人。

——八人のうち第三者委員としてはどういう人を入れていますか。

鈴木氏　お坊さん一人と関係会社三人。

——純粋な第三者はお坊さん？　ずっと同じ人ですか。

鈴木氏　代が変わっていなければ同じ人だと……。

——お坊さんがいることで何かメリットありましたか？

鈴木氏　特に。命については語ってくれるかもしれませんが。

——お坊さんがいることで、御社にとって「こういう視点があるのか」とか。

鈴木氏　生産場なので、試験と違うのでちょっと違うのかなと。

——お坊さんの代わりに動物愛護団体の人、例えば地域猫活動している人とか。実験廃止論者ではない人で。

中川氏　その方が生命科学とはどういうものであるか、という根本的な所が共通であればいいんじゃないでしょうかね。

――難しいことは全然分からない、一般の人ですよ。お坊さんも（生命科学や実験に）専門知識があるとは思えないですが。

中川氏　そういう人は第三者じゃないですよね。この業界の反対側にいらっしゃる方。

――でも、そういう（愛護団体の）人を入れている所もあるんですよ。お坊さんじゃなくても、福祉委員会に第三者がいれば違うのかもしれませんね。

中川氏　それは何のためですかね。

――外部の目をいれるというか。

中川氏　外部の目を入れることで何かよくなるんでしょうか。

――過酷な実験が中止になったことがあります。

中川氏　わんちゃん、猫ちゃんかわいい、という自分の子どもより犬猫がかわいいという方は試験自体がノーじゃないですか。

――でもその施設は受け入れています。

中川氏　受け入れて、その人が反対したら？

――全て反対じゃないです。要するに、その施設はど素人でもいい、難しいことは分からなくてもいい。委員がより分かりやすく試験の内容を説明する。（業界で）当然とされることも、一般の人から見たら「これはやっちゃいけないこと」と気付かせてくれる役割があると。
中川氏　愛護団体の人を入れることで、混乱を招くことも多いと思いますけどね。
――今のところ、トラブルはないと聞いてますが。
中川氏　まあ、私も勉強したいと思います。

動物愛護法改正について

――社長にお聞きしますが、動物愛護管理法改正の議論が近いうちに始まりそうですが、届け出制、あるいは登録制の導入についてはどう思っていますか？

中川氏　もう、それは決められたように、まっすぐに我々としてはやっていきます。

――業界団体は前回改正時も皆さん反対されたんですけど、社長、個人的にはどうですか。制度が導入されたら何か支障ありますか。

中川氏　基本的にはないと思います。

――ないですか。

中川氏　はい。さきほども言いましたように、役目を終えたような仕事もありますからね。我々経営者としてもやめていく。細胞で全部できるようになれば、我々はそのために細胞の試験もやっている。先を見据えてやっておりますので。

――施設で（鈴木氏が）「保健所の査察を受けた」と言われたのは、静岡県の話ですか？

鈴木氏　長野のＭＰセンターで、家畜ブタとして受けました。
——御社としては、行政の立ち入り検査があっても自信があると？
中川氏　普通の家畜場よりはるかにきれいですから。輸入する時も空港で検疫受けないといけないんですが、きれいな動物を汚い（検疫所の）畜舎に入れたら感染するわけですよ。我々は届け出出してライセンス取って、自分たちの施設で保健所の獣医師の立ち会いの下で検疫もやったと。
——でも、やっぱり業界団体としては（規制に）反対という感じなんですよね。
中川氏　内容によると思いますよ。ものすごくバイアスがかかっていて、結局は生命科学とか何もできなくなる、自然に戻れ、みたいなことになっていくと……。じゃあ人間どこにいけばいいの、年取った人は長らえたけど、若い人はばたばた死んでいって、年寄りだけ残されたような地球になっちゃうかもしれませんね。これから違う星に行かなきゃいけないという時にどういう準備をすればいいのか。「きぼう」、国際宇宙ステーションが飛んでますよね。あの中でもマウスの実験やっている。その餌は当社の餌、特別の餌がいっている。宇宙における放射線の影響だとか、無重力における生殖の影響とかそういったものの研究していかなきゃいけない。それを妨げるような方向は、研究している人たちは中々賛成はできないでしょうね。
　どんどん世の中変わってきている。細胞でやっている試験ものすごく増えてると思いますよ。実際に。安全性なんてそのうち、一〇年か二〇年かもしれませんが、ほとんど細胞になってしまうのではないですか。ｉＰＳ（人工多能性幹細胞）細胞なんてヒトの細胞ですからね。極端なことといったら、私の細胞でその薬が見れるわけですから。その方向に向かっていると思いますよ。

――今後動物を使うという課題は、医学の基礎実験とかになりますかね？

中川氏　これだけ長生きになってくると、認知症は早く分かったけども治す薬はないとか。

――そっちのほうですよね。

中川氏　「認知症ですよ、でも薬はない」と言われたら、しょうがない、死ぬしかないかと……。根本的なサイエンス、山中伸弥先生（京都大iPS細胞研究所教授）の仕事も一〇年、二〇年かかるんでしょうけども。

――安全性試験に使うのはiPS細胞はすごい有効ですね。

中川氏　有効だと思いますよ。移植の手前で試験で。それこそ、AIなんかかませて、このコンパウンド（化合物）はこうなるに違いないと想像もいれながらやってみてコンピューターでなっていくと思いますけどね。


後日、鎮痛薬使用については、オリエンタル酵母工業から一部修正するとの連絡が入った。内容は「薬効薬理試験で鎮痛薬を使うことはありません、結果に影響が出るので。他の試験で手術を伴うものは、鎮痛薬を使っている試験もあります。内容によりけりです。お客様から試験の依頼を受けて、（同社が）動物が痛みを感じる場合があると判断した場合、協議して鎮痛薬を使うこともあります」というものだった。

ちなみに日本バイオリサーチセンター（ＮＢＲ）のホームページでは、サービス内容として、「薬効薬理試験、安全性試験、ミニブタ試験、医療機器試験、再生医療、感染試験」とあった。このうち薬効薬理試験については「うつ病、統合失調症、認知症、パーキンソン病、睡眠障害などの疾患を対象とした中枢神経関連」、「糖尿病、高脂血症、動脈硬化、肝障害などの代謝系関連」「呼吸循環器系、心筋梗塞、不整脈、心筋症、末梢動脈閉塞などの呼吸・循環器関連」「胃潰瘍、小腸潰瘍、逆流性胃腸炎、過敏性腸症候群、嘔吐解析など消化器系関連」「アトピー性皮膚炎、アレルギー性鼻炎、気管支ぜん息などの免疫・アレルギー系関連」などの実験が載っている。

これらの試験をざっと目を通しただけでも、素人目にも大きな苦痛を与える実験に思える。この点について後日鈴木氏に再び電話で質問したところ、同氏は「外科的なものとか、安全性評価に関係ないものであれば鎮痛薬を使う場合もあるという判断だと思います」と答えた。「薬効薬理試験、安全性試験で鎮痛薬を使っていないというのは、日本では常識なんですかね」と聞くと、「はい。私は個人的には、動物の疾患モデルで潰瘍を作る場合、潰瘍の大きさをみるだけなら、鎮痛薬を使うのはありだと思います。ただし、安全性試験はまず麻酔か、非麻酔か、という所から入っていく。私の経験上、人間でも同じですが、麻酔は痛みを伴わない、鎮痛は痛くなってから薬を、という考え方なので……」と話した。

第四章　痛みは軽減されているのか

３Ｒの一つである痛みの軽減は、動物実験に関わる人間が最優先に考えるべきことである。末田東北大大学院技術職員は「動物実験が倫理的に行われるかどうかは開始時点で決まります。つまり実験計画を作る際は苦痛の程度を記述するだけではなく、実験動物が被る痛みを理解し、苦痛を減らす対策を立てることが重要。痛みは実験データに影響を与える可能性があり、実験の精度を上げるためにも疼痛管理は必要です」と強調する。

末田さんらが書いた論文（「実験動物技術」第四六巻一号、二〇一一年）には、犬、ブタなど中型動物の痛み軽減策として、麻酔薬と鎮痛薬を併用するバランス麻酔、手術前に鎮痛薬を投与する先制鎮痛などについて説明されている。しかし全国の現場でどの程度、このような鎮痛薬を用いた方法が実際に行われているのか調査データもなく、その実態は不明だ。

「動物実験は、健康な動物の体を傷つけたり、病気にしたりするわけですから、より痛みの少ない人道的な方法が求められます。術前、術中、術後の管理が適切に行われることで食欲や体力の回復も早くなり、感染症にかかるリスクが減り、傷の治りも早くなる。技術者にとっても、世話をする実験動物の苦痛が軽減されれば精神的ストレスは減ります」と末田さんは説明している。

ブタ、犬、サルは六割、マウスは一割――英国

鎮痛薬の全国的な使用状況が分からないため、海外のものを参考にしてみた。例えば英ニューキャッスル大の比較生物学センターが手術を伴う動物実験の計一五〇の論文を調べた記事（二〇〇九年）によると、「犬、ウサギ、ブタ、羊、サルの『全身性の鎮痛』の記述がある論文は〇〇~〇一年の五〇%から、〇五~〇六年は六三%に増えた。局所的な鎮痛薬使用、局所麻酔などは八六%から八九%に増加しているが、疼痛管理の方法はまだ不十分である」などと報告されていた。

マウス、ラットなどについては、「わずか二〇%の論文しか鎮痛薬使用の報告がなかった。実験に関わる人間が痛みの症状を観察していない上、投薬についての知識が少ない」などと指摘。さらに「生命科学の論文は、疼痛管理を中心に記述されるべきなのに、六八%に投薬の間隔や頻度、四六%に鎮痛効果の時間の記述がなかった」とも指摘している。

動物実験の免許制を敷いている英国でさえ、痛みの軽減が徹底されていないことが見て取れ、自主管理である日本の現場を想像すると背筋が寒くなる。しかも日本は、実験動物を診療する獣医師がいない施設が多い。ある大学の動物実験施設の獣医師は「ここ二、三年で、ようやく管理獣医師が疼痛管理を徹底してやれるようになった。それまでは研究者が主に動物をみていたため、痛みは配慮され

ていなかった」と明かした。

最近は主に飼育管理を担当する実験動物技術者が動物看護師の資格も取得するケースもある。しかし、せっかく治療、鎮痛、術後のケアなどの知識を得ても十分に生かせていないようだ。ある大学の動物看護師の資格を持つ実験動物技術者は「研究者に意見を言える立場に位置付けられていない。『実験の精度に影響が出ますよ』と絶食の方法などについて助言しても、年配の先生らは『お前は何を言っている、実験を分かってないくせに』『おれは体重を抑えたいのだ！』と聞いてもらえない。多くの職場でそういう実態があるのでは」と真情を吐露した。

マウスとラットなどの小さな動物の痛みは無視、軽視されがちで、「一般的に実験では麻酔薬だけで、鎮痛薬を使っている施設は極めて少ない」（実験関係者）と言う。ある国立大のマウス、ラットをよく実験で使う研究者は「鎮痛薬？　全く使いませんよ。安い麻酔薬のチオペンタールだけです」と話した。また日本の実験施設では獣医師がいない所も多く、『入手しやすいから』という理由で工業用のイソフルランをマウスなどの麻酔薬として使っているところもある」（同）。工業用イソフルランは化学製品などに使う研究試薬であり、医薬品ではないのでヒトや動物の副作用について検査されていない。「不純物が混じっていることもあり、動物に苦痛を与えるかもしれない試薬を麻酔薬として使うこと事体が本末転倒。しかし、実験する人からは『なぜ試薬は使えないのか。根拠を示せ。日本では禁止されていないだろう？』とよく聞かれる。確かにその通りなので……」（同）と驚くような話を聞いた。ちなみに一七年に改訂された環境省の実験動物の飼養保管と苦痛軽減の基準解説書には、麻酔薬の一つとして医薬品の「動物用イソフルラン」が推奨されているが、解説書は「参考」であり、たとえ試薬を使っても罰則はない。

鎮痛薬使わない実験

通常の動物実験でも鎮痛薬使用の実態は不明だ。さらに、そもそもがんの痛みを軽減する薬の開発、致命的な感染症、化学物質の毒性試験など鎮痛薬を使わない実験がある。

麻酔薬を投与しない動物を使って、許容限度に近い痛み、あるいはそれ以上の痛みを与える処置は、SCAWのカテゴリーでEに分類されている。Eとは「麻酔していない意識のある動物を用いて、動物が耐えることのできる最大の痛み、あるいはそれ以上の痛みを与えるような処置。重度のやけどや外傷を引き起こすこと、精神病のような行動を起こさせること、避けることができない重度のストレスを与えること」とし、「カテゴリーEの処置については、各研究機関で独自の方針を持つことが望ましいとされ、Eの実験であっても、研究機関の動物実験委員会が正当性を認めれば実施することも可能であると理解される」（国動協のホームページ）などとある。

実際、米農務省の年次報告書によると、〇二〜〇九年に実施された動物実験のうち、七〜九％が鎮痛薬を使用しないカテゴリーEだった。ただし、米国の動物福祉法では最も多く使用されるマウスやラットは法律の対象外で、同報告書にマウス、ラットは含まれていない。

一九九〇年にＳＣＡＷを翻訳した久原孝俊・順天堂大客員准教授は「ＳＣＡＷができた約三〇年前は、遺伝子改変動物などがほとんどいない時代。同じものがいまだに使われているが、今の科学に合わなくなってきている面もある。また今は、遺伝情報を変えられるゲノム編集技術などによって、さまざまな疾患モデル動物が作られているが、それらの動物がどういう苦しみ、痛みを感じるのか、研究者はあまり考えてこなかった」と指摘している。

死ぬ寸前まで引っぱる

安楽死処置で動物を苦しみから解放させる人道的エンドポイントを適切な時期に行うことは、実験者に課せられた大きな責任の一つだ。特に動物の表情や動作は多様で、それぞれ特有の痛みを表現しており、苦痛度を的確に把握することが求められている。米ＩＬＡＲ指針には「動物実験責任者は、人道的かつ科学的に適正と判断されるエンドポイントを動物実験計画の中で明確に定義し、その根拠を示すべきである」とある。

しかし、現実には適切な時期に安楽死を施すのは難しく、動物が死んでいるのを担当者が発見することも多いという。例えば臓器移植の実験。亡くなった一人のドナーの臓器からできるだけ多くの人に移植できるようにするため、臓器の一部分でどこまで生きるのかをブタで実験する手術がある。

実験は、ドナーのブタから臓器を取った後、移植されるレシピエントのブタの臓器を全摘して、ドナーの臓器の三分の一程度を移植する。「レシピエントのブタは麻酔から覚醒後に痛みが激しくなる。人間なら移植手術後は集中治療室（ＩＣＵ）で手厚い看護を受けるが、ブタは苦しんだ挙句に死んでしまうことが多い」（実験関係者）。

「ブタには点滴チューブなどが付けられ、術後は移植した臓器がきちんと働くかを観察するためケージに戻されます。ブタは高熱が出たり、嘔吐したり、痛みのために呼吸が早くなったりします。研究者は『人間でできないことを試すための実験だから、かわいそうだが苦しむのは仕方がない』と思っているので、死ぬ直前まで実験を引っぱる。人間の欲望のすさまじさを見せつけられる思いがします」（同）

心臓病治療のための医療機器の開発実験では、まずブタを開胸し、心臓が止まりそうになるたびに自動体外式除細動器（ＡＥＤ）を当て電気ショックを与えるため、心臓はぼろぼろになり、熱が出て「はくはく」と息が荒くなる。それでも術後は経過を見るため、ブタはケージに戻され、「一晩中、高熱と呼吸困難で苦しみ続けます。翌朝に安楽死させますが、これは人道的エンドポイントとは言えません。最後は苦しみのあまり、飛び上がって絶命します。この姿は私の目に焼き付いている。たとえ施設に獣医師がいて、苦しみもがいている動物の安楽死を提案しても、研究者が同意しない場合は少なくない。人道的エンドポイントを決めるのは非常に難しいですが、研究者は責任を持って動物の苦痛軽減に最善を尽くすべきだと思います」（同）。

食品メーカーの動物実験「廃止宣言」

食品メーカーも食品添加物や成分の有効性を調べたり、安全性を確かめたりするために動物実験を行っている。それは企業が独自の判断で行っている場合もあれば、法的に義務付けられた実験もある。

飲食品の中で、「体脂肪を減らす」「便通改善機能がある」など有効性や効き目を表示できる保健機能食品というジャンルがある。保健機能食品には、特定保健用食品（トクホ）と機能性表示食品、そしてビタミンC、カルシウムなどそれぞれの栄養成分に応じた効き目の表示ができる栄養機能食品の三種類がある。

トクホは許可制で、国への申請に必要な安全性試験のデータとして動物実験が義務付けられている。機能性表示食品は届け出制で、事業者の責任で科学的根拠に基づき安全性を評価する。提出資料はデータベース、過去の論文などをとりまとめて再評価するものが認められ、動物実験は義務付けられていない。栄養機能食品に届け出は必要ない。

厚労省によると、トクホは一八年八月時点で一〇五二商品ある。トクホに義務付けられている動物実験は、食品添加物の使用基準の指針に沿い、ラットと子犬を使った反復投与毒性試験など計一一項目がある。ただすべて必須というわけではなく、反復投与試験は二八日間または九〇日間どちらかを選んだり、わずかだが省略できる試験もある。とはいえ、「審査する食品安全委員会が二八日間の反復投与でデータが不十分だと判断した場合、追加で九〇日間の試験を求める場合もある」（厚労省）という。

反復投与毒性試験は、試験対象の成分、添加物を餌や飲料水に混ぜたり、動物が嫌がった場合は強制投与させたりして毎日、九〇日間以上続けるというもの。ラットも犬も雄雌同数を入れた群を複数作り、食欲、体重、血液・尿検査などを経て、投与期間終了後に解剖し、臓器に対する影響を調べる。

母体を通じて胎児への奇形などの影響を見る催奇形試験もある。妊娠中のラットとウサギに食品添加物を毎日強制投与し、興奮、けいれん、歩行の異常、死亡、流産、早産などを観察する。出産予定日の前日に殺し、子宮を摘出し、器官や組織を観察し、臓器への影響の検査などを行う。胎児は死亡時期、体重、性別などの記録、骨格、臓器の検査などを行う。

私は遅まきながら、トクホの動物実験もかなり残酷な試験がたくさんあることにショックを受けた。また後述するが、農薬では廃止になった犬の一年の反復投与毒性試験がトクホでは必須になっている。

近年、食品メーカーに対する海外の動物愛護団体からの抗議が増えている。一五年一〇月、インターネットに「キッコーマン（千葉県野田市）がしょう油、豆乳などの効能をみるために残酷な動物実験を行っている。動物実験ではなく、人道的でより有効な研究方法へのシフトを求めます」とする署名サイトが立ち上がった。これは一〇年から同社に抗議をしてきたPETAが「キッコーマンに動物実験をやめるよう求めてきたが、誠意のない対応が続いてる」と日本のJAVAに協力を呼び掛けて始まった。

ＰＥＴＡが明らかにした同社の動物実験の論文の概略によると、「ラットののどにチューブを通し、豆乳を強制的に繰り返し投与した。この結果、豆乳は雄のラットの運動量と性行動を増幅させることが分かった」（二〇年）などで、主に効能に関するものだった。

動物実験廃止を求める署名は約二ヵ月間で海外で約一〇万人、国内で約七万八〇〇〇人、計約一七万八〇〇〇人分が集まった。キッコーマンは一五年一一月、ホームページに「現在、商品などの安全性確認の際に生物学的手法を用いる場合は、代替法を活用し、動物実験は実施しておりません。ただし、社会に対して安全性の説明責任が生じた場合や、一部の国において行政から求められる場合を除きます」と発表した。

私はキッコーマンに「商品の開発、製造、承認申請、安全性、機能性も含めて全過程の動物実験を廃止したという趣旨ですか」などと質問したところ、同社は一六年六月、「中期的な研究開発に関する体制及び設備の検討を進め、段階的に動物実験を縮小し、動物を使わない実験方法の導入を進めておりましたが、動物を使用せずに食品の安全性を担保できる体制が整ったため、今後は原則として動物実験を実施しない方針を決定しました」（コーポレートコミュニケーション部）と回答した。

この件以降も、食品メーカーは次々と追及されている。一八年七月、ＰＥＴＡはサントリーホールディングス（東京都港区）、日清食品ホールディングス（同新宿区）、東洋水産（同港区）、サタケ（広島県東広島市）が一三〜一七年に科学誌に発表した動物実験の内容を発表。掲載の時期は社によって違うが、内容は例えばマウス、ラットなどを使って「食品の成分を強制的に飲ませた。発がん性物質を含んだ餌を与えた。毒性のある成分を注射した。乳酸菌などを強制給餌した後に迷路に放ったり、泳がせたり、しっぽを持ってつるしたり、高温のホットプレートに載せたり、強いマウスと戦わせたりしてストレスを与えた」など多様にあった。そしてＰＥＴＡは「四社はヘルスクレーム（栄養機能や健康増進を強調すること）を目的とした商品開発で動物実験をやめた」とした。

ただ私は、ＰＥＴＡの声明の中の「ヘルスクレーム」と効果、効能をうたう商品と限定しているのが気になった。というのも、前述したとおり、効果、効能に関係はなくても、食品の安全性を調べるために動物実験を自主的にする会社はあるように感じたからだ。

私は同年八月に事実確認のために各社に質問した。加工米などを作っているサタケは「一六年、一七年に発表した（社員の）共著論文に動物実験のデータが含まれていました。基礎研究に関するものでした。トクホ、機能性栄養食品に限らず法的に義務付けられていない動物実験を行ったり、（動物実験を伴う研究に）助成したりすることはありません。サタケではトクホを申請する予定はありません」と回答した。

加工食品を製造する東洋水産は「一三年以降は動物実験はしておらず、今後もその予定はありません」と答えた。

サントリーは飲食品から化粧品、健康食品まで幅広い商品を生産している。同社は「安全性に関し、社会に対して説明をする責任が必要とされる場合や、法律、規制、行政当局からの要請がある場合を除き、新規プロジェクトに関して製品のヘルスクレームに関わる動物実験はしないものとしました」と回答。私は、これでは同社が動物実験をする予定がない商品が具体的に何を指すのか分からなかったので、さらに「トクホは除外するということですか」「機能性表示食品では動物実験はしないということですか」「飲食品の基礎研究での動物実験は一切しないということですか」の三点について、「はい」「いいえ」で答えるように依頼したが、「PETAに回答した以上の詳細は差し控えたい」と繰り返した。

日清食品からは「インタビューにも書面による回答もしません」と断られた。

PETAはその後も大手日系食品メーカーが「動物実験をやめると回答した！」と発表を続けている。同団体としてはおそらく活動の成果として、自分たちが日本の食品メーカーに動物実験を止めさせた、と宣言しているのだろうが、私が問い合わせた企業は対面での取材に応じず、明瞭な答えが返ってこない社もあった。まだまだ食品メーカーの動物実験の実情は分からない。

日系施設がサル虐待で処分――米国

実験動物の繁殖や動物実験を請け負う新日本科学（鹿児島市）の米国支社（ＳＮＢＬ　ＵＳＡ、ワシントン州）に対し、米農務省は一六年一一月、実験動物のカニクイザルを輸送時や飼育・実験中に適切に扱わずに計三八匹を死なせたなどとして、動物福祉法違反の疑いで罰金などの処分を科す行政審理手続きに入ったと発表した。

新日本科学の実験動物施設がある安全性研究所（鹿児島市）は一一年にＡＡＡＬＡＣ認証を取得し、昨今は学会などで犬、サルの群れ飼いに取り組むなど実験動物福祉の事例を発表している。一方で、米支社で政府から違法の疑いをかけられるほどの虐待行為が何年も続いてきたことに私はショックを受けた。

農務省の新日本科学米支社に対する告訴状は一一年一二月から一六年五月の約四年半の査察に基き、動物の移送、日常的な扱い方、実験技術、施設内部などに関して数多くの問題点が列挙され、「意図的な法令、基準の違反である」と記されている。

訴状によると、一五年にワシントン州エヴェレットにある繁殖・研究施設で二八九一匹、テキサス州アリスにある繁殖・研究施設で三二四九匹が実験に使われた。

一三年一〇月一～九日、八四〇匹のサルがカンボジアからヒューストン州テキサスに輸送されてきた。出発前に新日本科学の獣医師は、サルが水分不足で何匹かは体調が悪いことに気付いていたにも関わらず、同社は「治療もせず、獣医師も付けずに」三六〇匹をアリスへ、四八〇匹をエヴェレットへ空輸。その結果、現地到着前に五匹が死亡、到着後間もなく一七匹が死亡または安楽死させられ、その後三匹が死んだ。全二五匹の死因は脱水症と低血糖症によって引き起こされた複数の内臓疾患だった。

また六匹のサルが「技術の訓練、指導を十分行う体制を取らなかったため、社員の技術不足により」、肝生検中に死んだ。

日常的な扱い方についても、「できるだけサルにストレスを与えない、身体的な暴力を振るわない、不必要に不快感を与えないなどの注意を怠った」とし、特に捕獲する時に「サルの頭がケージに挟まって窒息死したり、捕獲後に高熱を出して死んだりした」と報告。ある子ザルは「深刻なうつ状態にあり、高熱を出し脱水状態で死んだ」。気が合わないサル同士を同じケージに入れたままにして、けんかで襲われたサルが頭、足に大けがをし、安楽死させられた。

動物実験計画に関しては、「なぜその実験にそれだけの使用数が必要なのか、理論的な根拠を示さなかった」。施設は老朽化が進み、「ボルトがなかったり、檻に穴が開いていたりしていた。電気柵のさび付き、サルの遊具が壊れて突起物が出た危険な状態のまま放置され、床の腐食、水漏れがあり、ケージの洗浄室は不衛生だった」などの指摘もあった。

その上で「新日本科学に対しては、法律を順守していない点について何度も是正勧告を行ってきた。しかし同社は最低限の基準と要件を守らず、〇八年と〇九年にも動物福祉法違反で罰金を課されていた」と断じている。

米農務省の申し立てについて、鹿児島の同社の広報担当者に問い合わせたところ、「サル死亡の事実は認めます。輸送については、以前は外部の運送業者に委託していましたが、現在は自社で購入した輸送用トラックで弊社が管理し、状況は改善されています」と答えた。移送時のサルの体調をみる獣医師を待機させているのかについては「細かいことは分かりません」と明確に答えなかった。一方で、動物実験施設内での複数のサルの事故死や実験中の死亡、病気の予防や治療などを日常的に怠った違反の指摘については「当局には改善策を提示してきたが、『不十分ですよ』という指導は受けていなかった。突然なぜこのように申し立てられたのか分からない。これから確認します」と反論。一方、日本の実験動物施設に関しては「しっかりやってる。輸送時は社員が同行しています。ただ獣医師が付いているかどうかは分かりません」と答えた。

新日本科学の米国支社に関しては、PETAが以前から内部告発者の話として、「サルは拘束椅子に座らされて足も手も自由にならず、ほぼ一日中薬を投与されていた。サルは逃げようとずっともがいていたがどうにもならず、何匹かはそのまま倒れて死んでしまった。またサルに金属製の管を通して冷たい試験物質を何ヵ月も血管に流し込み、サルが寒さに震えていたり、一日に何度も採血されるために腕が赤く腫れあがっていた。サルたちは叫び、震え、ショックを受けたが、次第に生きることをあきらめたかのように反応しなくなり、戦うこともやめてしまった」などと訴えていた。

PETAは「農務省の一一年の報告書によると、新日本科学の施設のサルの七八％が一匹飼いで、これは法律違反である。仲間と交流したり、触れ合うことができないことはサルにとっては苦痛であり、これは自傷行為、毛むしり、揺すりなどの常同行動を引き起こす」と批判している。PETAに今回の農務省申し立ての件で見解を求めたところ、以下のような回答があった。

「私たちは、〇八年に新日本科学の米国支社で子ザルがケージに入ったまま自動の洗浄機にかけられ、熱湯の中で死んだことなど内部告発による一連の問題を提起し、報道されたことが引き金になり、農務省は新日本科学を頻繁に査察するようになりました。米国では、査察の支部が定期的な調査中に施設の構造的な問題を見つけると、強制的な査察権限を持つ別の部が乗り出し、記録の確認、施設職員の面談などを行って動物福祉が守られていたか、一年以上かけて細かく調べ上げます。この結果、（まれなことですが）動物福祉法に違反する甚だしい事例が発覚すると罰金が科されます。今回の申し立ては、新日本科学が前回の罰金以降も法令違反を続け、動物福祉の最低限の基準も守ろうとしなかったために行われたと思われます」

またこの米国支社の動物実験施設を認証しているAAALACにメールで見解を求めたが、「コメントできない」と返答があった。AAALAC米本部のエグゼクティブディレクターであるキャサリン・ベイン氏が一七年一月に来日した際、新日本科学米国支社の件で質問すると「同社との契約があり、ノーコメント。農務省とやり取りはしていません」と話した。その上で「一般的な考え方」として、「認証施設に問題があれば、私たちは注意、改善するよう助言しています。それでも中々良くならない場合は認証を取り消すこともあるし、過去に取り消した施設もあります。ただ新日本科学の米支社をどうするかなど、個別の案件については答えられません」とした。同年一〇月にAAALAC本部のホームページで検索したところ、新日本科学米支社は認証施設として残っていた。

私はこの問題に大きなショックを受けた。新日本科学は一九五七年に「日本初の医薬品開発の受託研究機関」として創業。一六年三月の日本実験動物技術者協会関西支部の環境エンリッチメントに関する報告では、犬やサルのペア飼いの取り組みなどを発表して実験動物福祉に取り組む姿勢が感じられただけに衝撃だった。

関係者は一六年当時「鹿児島にいるビーグル犬は二〇〇〇〜三〇〇〇匹、カニクイザルはカンボジア、中国で繁殖した約三〇〇〇匹がいる」と言った。私は同年六月、同社に飼育施設の見学を含む取材を依頼したが、「機密保持があるのでご遠慮したい」と断られた。

「犬、サルを虐待」——日本企業のカナダ実験施設

一七年五月一二日、米動物保護団体のラスト・チャンス・フォア・アニマルズ（LCA）は、医薬品、農薬など化学物質の毒性試験を受託するボゾリサーチセンター（東京都渋谷区）の子会社であるITRカナダ（ケベック州）で、従業員が実験用の犬、サルに暴力をふるう様子、試験薬を強制投与されて嘔吐する犬など、動物実験施設内の動画をホームページで暴露した。

ボゾリサーチセンターの会社概要によると、ITRカナダは一九八九年に設立され、従業員は約二二〇人。動物はラット、マウスが約七六〇〇匹、犬約六六〇匹、サル約五五〇匹、ミニブタ約一三〇匹を飼育。主な試験内容として、吸入毒性試験（ラット、犬、サル）、一般毒性試験（ラット、マウス、ウサギ、犬、サル、ミニブタ）などを行っている。

ＬＣＡの動画は約一〇分間で、ＬＣＡの調査員が二〇一六年の約四ヵ月間にＩＴＲカナダで働き、動物実験の様子を隠し撮りしたもの。米俳優のホアキン・フェニックスが説明する形で映像が流れる。

ビーグル犬は、血管などに挿入されたカテーテルから薬が絶えず流し込まれ、腹部が赤くただれていた。強い毒性のある薬品を投与された犬は嘔吐を繰り返す。拘束器に入れられた犬は「吸入マスクを付けられ、毎日八時間薬品を吸わされる」と説明があった。職員が犬の頭を何度もぐっと両手で押さえつけ、頭をたたいている様子も映っていた。カテーテルが付けられた犬をケージに投げ入れている職員もいた。犬の施設にはふんがたまり、「アンモニア臭が漂う」という説明があった。

サルの実験もむごたらしかった。職員は、ケージから不安と恐怖で嫌がっているサルを無理やり引きずり出していた。それを横で見ていた「グレイス」と呼ばれるメスザルは怯えている。グレイスも引き出され、拘束台で首だけ出されて、喉からチューブを突っ込まれて胃に直接薬品が投与されていた。グレイスは、長期間の実験と拘束によるストレスで、ケージの中をぐるぐる回り続ける常同行動が見られ、あちこち毛が抜けていた。しかし、職員はグレイスの異常な行動と脱毛について「脱毛はストレスが原因」と認めながらも、悪い症状は「記録しないように」と同僚に指示していた。

ミニブタは背中に薬品のクリームを刷り込まれていたが、激しい炎症が起きて背中は赤くただれていた。職員は実験の中止を求め、獣医師、実験責任者も実験中止に同意したが、「その研究を委託した会社は中止に同意しなかった」とナレーションが流れた。

動画の後半では、ほんのひととき、ケージから出された犬が他のケージにいる犬の近くにしっぽを振りながら走り寄る様子が映り、切なかった。最後は、実験終了後の犬が殺処分される様子がややぼかして早回しで流される。安楽死処分だと思うが、血まみれの臓器が見え、最後はぼろぼろの死がいがごみ箱に落とされていた。

実を言うと、私はこの映像を見る勇気が中々出ず、かなりの間ちゅうちょした。動画を見た夜は、うなされてよく眠れなかった。その後取材のために繰り返し見たが、職員の動物への暴力的な扱いに吐き気を覚えたと同時に、健康な動物に繰り返し薬品を強制的に投与する、という毒性試験の残酷さを改めて突きつけられた。

LCAは「ITRカナダの動物の取り扱いは、動物福祉安全法、犬猫の安全福祉・実験動物規則などに違反しており、ケベック州の農業水産食料省などに対して異議申し立てを行った。カナダ当局が同社の違法な行いに対して速やかに行動を起こすことを求める」と声明を出している。

親会社であるボゾリサーチセンターに取材を求めたところ、書面で回答があった。LCAの訴えに関しては「動画を撮影した従業員はLCAに雇われ、ITRカナダに潜入していました。外部の団体の人間が潜入及び盗撮をしている時点で、意図的かつ計画的に脚色されていると判断しています」と返答があった。動画の内容については「決められた作業とは違っており、作業手順通り行うことを再確認しました。(改善策として)従業員の再教育、施設内の管理の強化を行いました」とした。私は「動画で事実関係に間違っている点があれば答えてほしい」と求めたが、具体的な指摘はなかった。

カナダ当局からこの件で聴取があったか聞くと「ＣＣＡＣ（カナダ動物ケア評議会）が四月に来ました」と答えたが、調査内容については「コメントできない」とした。私はＣＣＡＣにＩＴＲカナダに対する調査についてメールで問い合わせたが、返答はなかった。

ＩＴＲカナダはＡＡＡＬＡＣ認証施設でもある。同認証は動物実験計画の審査、環境エンリッチメント、獣医学的ケアなど細部にわたる基準があり、一定程度評価できるものだとは思う。しかし日本の海外子会社での動物実験施設で明るみになった動物虐待の事例を見ると、ＡＡＡＬＡＣ本部が不適切な施設に関して現状をどこまで把握しているのか、疑問を抱くようになった。

第五章　犬の一年農薬毒性試験が廃止

一年試験が廃止、国際基準並みに

私たちが食べる野菜、果物、穀物などを育てるために使われる農薬。この農薬についても、人に対する影響をみるために過酷な動物実験が行われていることを知り、私は衝撃を受けた。

農薬の毒性試験には、多くの動物実験が法的に義務付けられている。このうち、犬に一年間農薬を与える長期試験について、内閣府食品安全委員会は二〇一七年一二月、必須の試験項目から原則外す方針を示した。欧米では既に科学的妥当性と動物福祉の観点から犬の一年試験をやめており、義務付けているのは日本と韓国だけだった。農水省は一八年三月、試験項目から犬の一年試験を除き、ようやく国際水準に歩調を合わせることとなった。

殺虫剤、殺菌剤、除草剤などの農薬を製造、輸入、販売、使用するためには、農薬取締法に基づき農水省への登録が義務付けられている。登録申請には、製造業者や輸入業者が農水省に毒性試験のデータを提出しなければならない。毒性試験は急性神経毒性試験、発がん性試験など計二九項目あり、このうちマウス、ラット、ウサギ、ニワトリ、犬などの動物実験は魚類も含めると約二〇項目を占める。

これら実験で動物に表れたさまざまな症状、臓器への影響などのデータを取り、各試験ごとに有害な影響が見られない最大投与量である無毒性量（NOAEL）を導き出す。この中で最も低いNOAELに一〇〇分の一の安全係数（人は化学物質に対する感受性が動物の一〇倍強く、さらに個人差が一〇倍あると仮定する）を掛けると、農薬の残留基準値の基になるADI（人が一生涯にわたり毎日摂取しても健康上悪影響がないと推定される化学物質の最大摂取量）が得られる。

農薬の毒性試験の中で、長期的な毒性を見る動物実験には、げっ歯類（ラット）と非げっ歯類（犬）の両方を使った九〇日間の亜急性毒性試験と一年間の慢性毒性試験がある。

犬の実験方法は、通常の餌だけを与えるコントロール群（雄雌各四匹程度）と、低・中・高用量の農薬を混ぜた餌を与える計四～五群に分け、食欲、体重、血液などの変化を観察する。九〇日後、一年後に全て安楽死処分し、肝臓、胆のう、甲状腺など臓器に対する影響も調べ比較した上で、毒性が出なかった用量をNOAELと決める。

犬の一年試験については、米国は〇七年、EUは一二年から一三年にかけて段階的に廃止した。ただし米国は、犬の体内に毒性が蓄積する傾向が強い場合には一年試験を行うという条件を付けている。

農薬メーカーも「歓迎」

こうした国際ルールの変化を勘案し、小野敦・国立医薬品食品衛生研究所安全性予測評価部第一室長（当時、現岡山大教授）らは一五～一六年度、犬の一年試験の必要性を検証するための調査研究をした。小野氏らが登録済みの農薬二八六剤のデータを解析した結果、ＡＤＩ算出のために犬の試験が根拠になっている割合は九三剤（三二・五％）あったが、九三剤のうち七四剤については「犬の一年試験は必要ない、もしくは必要性が低い」、さらに四剤に関しては「ラットの一年試験と犬の九〇日試験の結果に血液、臓器などに対する詳細な検査を追加することで、犬の一年試験が不要になる可能性が考えられる」と判断した。一方で、解析対象の農薬全体の五・二％に当たる残り一五剤については、「今あるデータでは一年試験が不要とは判断できなかったが、九〇日試験データを参考にするなど一定の条件を満たせば犬の一年試験は省略可能である」と結論付けた。

これを受け、一七年一二月に開かれた食品安全委農薬専門調査会では、「原則として、犬の一年試験が実施されていない場合であっても、食品健康影響評価は可能とする」とする考え方を了承した。西川秋佳座長（国立医薬品食品衛生研究所安全性生物試験研究センター長）は、犬一年試験の省略について「やっと欧米並みになった。例外の条件は付けていますが、九〇日間の犬とラットの試験が参考になるので、犬の一年試験が求められる可能性は極めて低いです」と述べた。

農薬メーカー側は今回の決定をどう受け止めているのだろうか。農薬製造・輸入業者などでつくる農薬工業会（東京都中央区）は、小野氏らの研究とほぼ同時期に独自に犬の一年試験の必要性について研究し、「（小野氏の調査と）大きな齟齬はなかった」（同）という結果を得ていた。「基本的に一年試験がなくても毒性評価ができることになるのは非常にいいこと。歓迎します」（原正樹・技術委員会委員長）と取材に答えた。

「嘔吐」「下痢」──試験の症状

反復経口投与毒性試験で犬はどのような状態になるのだろうか。農水省のホームページに公開されている登録農薬の一つである「アミスルブロム」という殺菌剤の評価書を例に見てみる。

まず農薬の実験犬は成長期にある生後四～六ヵ月の子犬が使われる。アミスルブロムの実験では、犬五群（一群はオスとメス各四匹）、計四〇匹を使用。一群は薬は飲ませず、二～五群には、それぞれ毎日、体重一キロ当たり一〇ミリグラム、一〇〇ミリグラム、三〇〇ミリグラム、一〇〇〇ミリグラムの殺菌剤が入ったカプセルをえさにまぜたりして、毎日一年間投与する。

「一〇〇〇ミリグラムの群のオスとメスで液状便（下痢）が投与期間を通じて認められ、三〇〇ミリグラムの群でも断続的に認められた」などとあり、その他「嘔吐」、「投与液逆流」（投与した農薬が胃を刺激し、肺などに入って逆流する）、「体重増加抑制」（体重の増加のスピードが遅い）、「摂餌量減少」

（食欲の減退）などと記載されている。

犬の毒性試験について、ある研究者は「実験で犬は嘔吐したり、下痢したりしますが、見た目は普通ですよ。まあ、不健康には違いないけどね。ただ九〇日間の試験では三ヵ月後に殺処分されますが、慢性毒性試験では一年間生きられるわけだから……」など、あたかも長期の実験は短期の実験より犬が長く生きられて幸せだ、というような理解に苦しむ発言もあった。一方で、「犬が苦しいのか、どう思っていたのか分からない。犬と人の感覚は違うので……」と言葉を濁す研究者もいた。AAALAC認証を持つ試験受託機関の関係者は「毒性試験で犬の状態が悪くなると、選任獣医師から試験をストップするよう指示されます。しかし試験を委託された会社からは『なぜ中断するんだ』と継続するよう要求されるので、動物福祉の観点から理解を得るようにしています。でも、獣医師もいないような一般の企業では、クライアントから要求されれば、犬の具合が悪くなろうが試験が続けられているかもしれませんね」と話した。

このような残酷な犬の長期試験をやめるのに日本は欧米の廃止から五～一〇年遅れた。ある研究者に「なぜもっと早く廃めなかったのでしょうか」と聞いたところ、「役人の怠慢ですよ。犬がかわいそうだ」とはっきり答えた。

なお一八年九月、韓国も農薬の犬の一年試験の廃止を決定した。

第六章　進化する代替法——化学物質、医薬品

動物のデータは人に当てはまらず

これまで述べたように、研究開発、薬効・安全性確認などのために膨大な動物実験が行われていることが分かった。一方で、人間と動物には種差があり、例えば動物実験のデータが人に当てはまる確率というと、毒性試験では心臓血管系や胃腸で八〇％程度あるが、肝臓は五〇％、皮膚は三〇％台にとどまり、動物実験に限界があることが分かっている。また新薬開発は物質の探索から完成、承認、発売までに九～一七年、成功率は約三万分の一とされ多額の費用もかかる。

このため欧米では近年、動物実験を減らし、コストを抑え、かつ正確なデータを出すために、主に細胞を用いた「イン・ビトロ（in vitro）」、コンピューターを活用する「イン・シリコ（in silico）」などの手法開発に力が注がれている。遅れを取っていた日本でも最近、化粧品メーカーが一四年かけて開発した代替法が国際標準として認められた。化学物質や医薬品の安全性評

価でも産官学連携の大型プロジェクトで代替法の成果が生まれ始めている。

先行する化粧品分野——日本発ガイドラインも

代替法の開発は化粧品分野が先行している。これは一九八〇年代から英国を中心に欧州で化粧品の動物実験反対運動が盛んになり、二〇〇九年から化粧品の動物実験が段階的に禁止され、一三年三月に全面禁止となったことが背景にある。

海外では、EUに続いてイスラエル、インド、スイス、台湾、ニュージーランドが動物実験を禁止した。日本でも資生堂がEUの化粧品の動物実験禁止措置に対応して、一三年四月から動物実験を原則やめると発表。その後、マンダム、コーセー、花王などが続き、大手を中心に廃止を表明する企業は増えている。

化粧品のうち、美白、しわ改善など効果、効能をうたう医薬部外品（薬用化粧品）の製造販売認可を得るには、新規成分や添加物の試験データを厚労省に提出しなければならない。必要な動物実験には、ウサギに化学物質を点眼して角膜、結膜などの状態を観察する眼刺激性試験、モルモットの皮膚に化学物質を注射、塗布してアレルギーの有無をみる皮膚感作性試験など複数ある。

一方で、国際的に代替法のニーズは高まっており、資生堂と花王は〇三年、皮膚感作性試験の代替法として、ヒト由来の培養細胞に物質をさらして反応をみる「h—CLAT」を開発。h—CLAT

は〇四年以降、国内外で同じ結果が得られるかどうかの再現性評価などを経て、一六年七月にOECD（経済協力開発機構）テストガイドライン（共通の試験法）として認められた。

皮膚感作性試験は一般的に、モルモット約三〇匹、化学物質二〇〜三〇グラム、費用は一〇〇万円、試験期間は四週間かかるが、h—CLATは「化学物質は一グラム、費用は二万円、期間は二日で済み、低コストで正確、迅速にできる試験」（両社）という。

h—CLATを開発した資生堂リサーチセンター安全性研究開発室の足利太可雄主任研究員は「代替法は化学物質全般の安全性評価にも応用できます」と話した。特に皮膚感作性試験は最も多く動物を使うため、欧州の代替法評価機関からも、h—CLATと米仏で開発された代替法を組み合わせれば、EUが進めている化学物質規制の登録に必要な物質の安全性評価で動物の使用数を大幅に減らせる、と期待されているという。

この他、日本発の代替法には、花王が開発した眼刺激性試験の代替法「STE」があり、一五年にOECDテストガイドラインとして認められた。STEは、ウサギの角膜由来の細胞に化学物質をまぶして細胞の生死をみる試験。

眼刺激性試験はシャンプー、マスカラ、マッサージクリームなどが眼に入った場合の毒性をみるもの。動物実験では点眼したウサギを七二時間後まで症状をみて、異常があれば最長二一日間観察を続ける。ドレイズ試験とも呼ばれ、ある研究者は「昔はドレイズ試験でウサギは痛さで暴れ、失禁し、目はつぶれ、ひどい場合は腰を抜かして死ぬこともあった。むごかった」と振り返った。反対運動でも長らく、ウサギの目がぐちゃぐちゃにただれている写真がよく使われ、運動の象徴にもなってきた。それがSTEを用いれば、「試験は二日、費用は従来の費用の約七分の一で済む」（花王）という。OECDテストガイドラインのうち、動物を全く使わない細胞の試験法は現在二五あり、約四分の一に当たる六試験が日本発。化粧品代替法開発は、資金と人材が豊富な欧州と米国がリードする中、日本は高い開発力を発揮している。

ただし現在、OECDガイドラインは眼刺激性・皮膚感作性試験など五つの分野で代替法が確立されているが、発がんの有無を評価するがん性試験、誤って化粧品を食べてしまった場合の安全性をみる急性毒性試験など四つの試験に代替法はまだない。さらに次世代への影響をみる生殖発生毒性試験の代替法開発は非常に難しく、課題は残っている。

生活用品、医薬品でも開発進む

代替法開発は化粧品にとどまらず、医薬品、生活用品の化学物質にも広がっている。

増え続ける化学物質は、国際的なデータベースに登録されているだけでも六六〇〇万件余り、世の中には約一〇万種類が流通しているとされる。〇二年に南アフリカのヨハネスブルグで開かれた国連の持続可能な開発サミットでは、「二〇年までに、人の健康や環境への悪影響を最小化する方法で化学物質を生産、使用する」という目標が掲げられ、特に試験データのない大量の物質の安全性評価が大きな課題となっている。

ＥＵの化学物質の規制当局への登録ルールは、新しい化学物質について安全性試験データを出す場合、代替法をまず使うことが推奨され、「動物実験は最終手段としてのみ実施すること」が原則になっている。

このような中、経済産業省も一一～一五年度の五年間、イン・ビトロによる化学物質の有害性評価法の産官学のプロジェクトを立ち上げた。

内容は、人体が化学物質に連続してさらされた場合の全身への影響を評価する「反復投与毒性試験」の動物実験に代わるものとして、イン・ビトロで肝臓毒性、神経毒性、腎臓毒性をみる手法の開発。反復投与試験では、化学物質を毎日ラットに投与した後、皮膚、目、被毛や循環器系、自律神経・中枢神経系など多種類の臓器の毒性を四～六ヵ月かけて測定する。一つの実験で約一〇〇〇匹のラットを使い、費用は約一〇〇〇万円かかるため代替法での開発が求められている。

試験系は、まず人工的に作った染色体の中に、化学成分に反応したら発光する遺伝子を組み込む。これを遺伝子改変マウスの細胞の中に入れ遺伝子改変細胞を作る、というもの。毒性試験は、例えばある化学物質をこの試験系にさらし、黄色に光ればタンパク質のアルブミンが出て肝臓毒性があることが分かる、という仕組みだ。この二つの主要な技術である、人工染色体「人工染色体ベクター」は鳥取大学、化学成分に反応する遺伝子「発光レポーターシステム」は国立研究開発法人・産業技術総合研究所が開発した。

プロジェクトリーダーの小島肇・国立医薬品食品衛生研究所（ＮＩＨＳ）・日本動物実験代替法評価センター事務局長は「今回、肝臓毒性、腎臓毒性、神経毒性の試験法の開発を行ったが、特に反復投与毒性の半分ほどが肝臓に関係するので、肝臓毒性の成果は大きい。できる限り早くこの試験法をＯＥＣＤテストガイドラインとして認められるように研究します」と話した。また「今はマウス由来の細胞を作っているので、これは動物を全く使わない代替法とは言えない。既に鳥取大ではｉＰＳを使って成功しており、ヒト由来の細胞での構築を目指します」としている。

化学・製薬メーカーなど約一九〇社が加盟する社団法人日本化学工業協会の庄野文章常務理事は「人工染色体などは世界に誇れる斬新なアイデアであり、既存物質の評価に使えると思います。コストも抑えられる」と期待を寄せている。

一方、腎臓毒性についても肝臓毒性と同じ方法で試験法を開発している途中であり、「継続するにはさらなる産官学の協力が必要です」（小島氏）という。神経毒性試験は、例えば農薬なら一つの化学物質につき約一億三〇〇〇万円かかるとされ、代替法の開発のニーズは大きい。ただし、「神経毒性の影響は肝臓毒性ほど明確に分からない部分が多く、まだ研究が必要」（同）としている。

イン・シリコでの成果は

一方、イン・シリコの活用はどうだろうか。日本はこれまでイン・シリコ利用は極めて限定的だったが、ようやく経済産業省所管の製品評価技術基盤機構（ＮＩＴＥ）、ＮＩＨＳなどが〇七～一一年、新たな毒性評価のデータベース「有害性評価支援システム統合プラットフォーム（ＨＥＳＳ）」を共同開発した。

ＨＥＳＳの開発チームには大学、企業も参加。データは厚労省がこれまでに行った二八日間の反復投与毒性試験を中心に約一〇〇〇のデータを使用した。肝臓、腎臓、神経などの障害、壊死など重篤な影響を与える毒性、代謝に関する情報を整理し、類似したメカニズムを持つ物質を分類した。

ＨＥＳＳは全て英語表記でＯＥＣＤの安全性評価データベースとも互換性を持たせた。企業の研究者らユーザーが化学物質の化学構造、物質名などを入力すると、化学構造が似た物質の過去の試験の情報、推定される毒性などの情報が出てくる。

反復投与毒性試験は一般的に一件一〇〇〇万円程度かかり、ラットは約一〇〇匹使う。ＨＥＳＳ開発チームの中心メンバーの一人、山田隆志・ＮＩＨＳ安全性予測評価部第四室長は「ユーザーはＨＥＳＳのデータを判断材料の一つにして、動物実験をするかどうかを決めることができる。ＨＥＳＳの情報量は非常に少ないですが、質は高いです」と説明。主に工業用の化学物質が対象だが、製造量が非常に少ない香料の成分などの毒性予測ツールとしても使えると期待されている。

生活用品メーカーのライオンは、ＨＥＳＳを積極的に活用している企業の一つ。原田房枝同社環境・安全性評価センター所長は「製品開発の前に、候補の化学物質があるかどうかをＨＥＳＳで検索し、同じ化学構造のものがあれば動物実験はしなくて済む。化学構造がある程度似ているものであれば、人体への影響を知るための参考にしています」と話す。

ＨＥＳＳ開発チームを率いた林真・食品農医薬品安全性評価センター名誉理事長は「ＨＥＳＳは国際的にも貴重なデータベースですが、データ数が少ない。企業が保有する膨大なデータが入ればより良いものになっていくはずですが、企業にとってはコストと時間をかけて取ったデータは知的財産で無償提供することに抵抗があり、そこは難しい問題」とみている。

「動物実験の結果が人に当てはまる確率は低い。一方、イン・シリコを使えば、人への影響を直接予想することが可能になり、より正確な安全性試験が実現できます。人工知能（ＡＩ）を使えば、さらに高度なデータベースができるはずで、将来性は高い」と林さんは強調する。

ＡＩを利用する安全性の予測方法の開発については、一七年度から経産省で五年間の産官学のプロジェクトが始まった。同プロジェクトでは、肝臓毒性のイン・ビトロの安全性試験を開発し、ＡＩに既存の毒性学の論文や化学物質の構造式、動物実験データを学習させて、新規化学物質の毒性を予測する初歩的なシステムを構築することを目標にしている。世界的にＡＩの毒性予測モデルはまだ開発途上にある。日本が信頼性の高いＡＩ予測モデルを作ることで、化学物質の研究開発費の二〇％を占める安全性評価コストを削減し、電子部品、燃料電池など成長分野の製品開発にかかる期間を大幅に短縮したい」（同省化学物質リスク評価室）としている。福原和邦化学物質リスク評価企画官は一七年一一月、東京都内で開かれた日本動物実験代替法学会で同プロジェクトの目標について「五年間のうち、二年間で肝臓毒性、残り三年間で腎臓と血液の安全性試験を開発したい」と述べた。

新薬候補の安全性、ヒトｉＰＳ細胞で

イン・ビトロによる安全性試験の開発は医薬品でも進みつつある。ＮＩＨＳと、エーザイ（東京都文京区）など四つの製薬企業は一七年一月、「ヒトのｉＰＳ細胞から作った心筋細胞を使って、新薬の候補となる化学物質の安全性評価ができることを確認した」と発表した。六〇種類の既存の医薬品で試した結果、患者のデータと八〇％以上一致しており、別の細胞を使った従来の方法より精度が高く、新薬開発の効率化につながると期待されている。

この研究は、厚労省と日本医療研究開発機構（ＡＭＥＤ）の支援を受け、一〇～一七年度のプロジェクトとして行われた。

新薬は人に投与した時に致死性の不整脈などを起こさないか、事前にリスク評価が行われている。ＮＩＨＳなどの研究チームは、ｉＰＳ細胞由来の心筋細胞の拍動によって起こる、微細な電流の変化を計測。化学物質を加えて、心臓への影響を点数で評価したところ、一九種類が高リスク、一七種類が低リスクという結果が出て、八〇％余りの確率で人のデータと合致した。

同プロジェクトのリーダーを務めた関野祐子ＮＩＨＳ薬理部長（現・東京大大学院特任教授）は「世界に先駆けて、ｉＰＳ細胞由来の心筋細胞で致死性不整脈の予測が正確にできることを示せました。これまでは、医薬品メーカーがそれぞれ独自の評価法で研究してきましたが、今回の結果で統一した

方法を業界に提示することができます。今後、従来の試験法、動物実験、臨床試験にどこまで新しい評価法で置き換えることができるのか、検討していきます」と話している。

医薬品の開発では、承認審査の合理化と標準化を図るために、日米EUでつくる医薬品規制調和国際会議（ＩＣＨ）で世界共通のガイドラインが作られている。ＩＣＨガイドラインは品質、有効性、安全性の各分野に分かれ、安全性指針の一つである不整脈のリスク予測は、従来の方法では疑陽性が出やすかったり、動物実験には人との種差があったり、臨床試験はコストがかかったり問題があり、新たな試験法が必要とされている。日本としては、創薬分野で国際マーケットを獲得するため、今回開発した心筋細胞による新試験法をＩＣＨに提案し、ガイドライン改訂に盛り込むことを目指している。

大型プロジェクトには予算付くが……

このように日本でも精度の高い代替法確立に向けての技術の進歩が期待されている。ただし、懸念されるのは、代替法の開発予算が経産省、ＡＭＥＤなどの年間二億円規模の大型プロジェクト以外は非常に少ないということだ。

例えば研究者のための科学研究費（科研費）。文科省によると、科研費とは「人文社会科学から自然科学など全分野で、基礎から応用まであらゆる学術研究を格段に発展させることを目的とする『競争的研究資金』であり、独創的、先駆的な研究に対する助成」。しかし、科研費を申請する際、区分のキーワードに動物実験の「代替法」はない。

代替法は「配慮」義務に過ぎないとはいえ、動物愛護法に明記されている。また有効な代替法をたくさん開発した国が安全性試験の分野で主導権を握ることができるため、代替法開発は欧米を中心に国際競争にもなっている。申請のキーワードに代替法がないことについて、日本学術振興会研究事業部の担当者は「個別の案件で答えるのは難しい。やろうとしている代替法研究の近隣分野に応募すれば申請できるはず」と説明した。

しかし現場の意見は異なる。化粧品などの代替法研究をしている板垣宏横浜国立大大学院教授は「科研費申請のキーワードに代替法がないから、応募するときは、『新しい植物エキスの評価法』などの題名でやるしかない。キーワードに代替法が入れば、もっと代替法研究が採択される確率は高まると思います。文科省は『代替法開発は厚労省や経産省のプロジェクトでやればいい』と思っているのでは」と話した。

ちなみに板垣教授の研究室の予算は年間約七〇万円。研究室には一二人の学生がおり、この七〇万円で学会出張費までまかなわなければならない。「ビトロ試験のランニングコストだけでも一回約八〇〇〇円かかる。全然予算は足りません」と訴える。

同じことは〇五年に設置されたＪａＣＶＡＭの体制にも言える。ＪａＣＶＡＭは、新規開発された代替法を評価し、公定化する国の唯一の機関。しかし、ＪａＣＶＡＭで評価を行う専門の職員は一人しかおらず、年間予算も約二五〇〇万円に過ぎない（一二年当時）。今、研究する正規職員は前出の小島事務局長を含め二人になったが、予算額は変わっていない。このため「EUの欧州代替法評価センター（ECVAM）に協力してもらったり、民間企業に委託したりしているのが実情」（関係者）という。ちなみにECVAMの人員は約一五〇人（一二年）、予算はJaCVAMの一〇〇倍以上あるとされる。

業界の八割「代替法使ったことない」

EUの化粧品動物実験全廃で、グローバル展開をする化粧品業界は代替法の利用促進が急務となっているが、実態はどうなのだろうか。業界の担当者に対する一三年の調査では、約八割が「代替法を使ったことがない」という、活用がほとんど進んでいない実態が明らかになっている。

これは代替法の利用促進を図るため、厚生労働科学研究費補助金を受けたアンケート調査（代表・小島肇JaCVAM安全性予測評価部第二室長）で分かったものだ。調査に答えたのは、日本化粧品工業連合会（粧工連）に所属する三六企業の研究・開発・薬事担当者。

それによると、「光毒性試験代替法、皮膚感作性試験代替法のガイダンス（説明書）が出ていることを知っていますか」に対しては、八九％が「知っている」と答えた。

しかし、「これまで新規医薬部外品の申請に代替法を利用した経験があるか」には八一％が「ない」

と回答。「今後、新規医薬部外品の申請に利用しようと考えている代替法はあるか」には、四二％が「利用は考えていない」、三六％が「試験法は決めていないが、検討したい」とした。また「今後、医薬部外品の申請を予定しているか」については、一六％が「予定している」、二八％が「予定していない」、五三％が「分からない」と答えた。

この調査には科研費約一一〇〇万円が交付されており、結果は速やかに公表されるべきだが、はかばかしくない内容が業界側にとって不利な材料になると判断したのか、中々発表されなかった。結果が出たのが一四年二月末で、私は同年三月上旬に大手化粧品メーカーの調査担当者に結果を開示しない理由を口頭やメールで質問したが、「内部資料なので公表しないことが前提だった」「検討中」などと明快な回答は返ってこなかった。そして五ヵ月後の七月にようやくＪａＣＶＡＭのホームページに結果が掲載されたのである。

化粧品団体「啓発はしない」

このような寒々しい結果が出たが、業界は代替法利用を促すために何か啓発活動でもしているのだろうか。一六年九月、粧工連に「責任ある立場の方に話を聞きたい」と取材を申し込むと、「技術面を担当している」という高野勝弘技術部長が応対した。啓発活動については「しません。粧工連はそういう立ち位置にはなく、代替法をご活用ください、と各社に言うだけ。使うか、使わないかは各メーカーの自主判断です」と答えた。

業界団体がそんな後ろ向きの姿勢でいいのだろうか。粧工連は一一四八社（一六年四月現在）が加盟する化粧品業界の最大の団体だ。活動内容は「化粧品に関する生産、流通、消費、技術、労働、環境・安全などに関わる諸問題の調査、研究並びに対策の企画及びその推進」を掲げている。同団体が発行する動物実験を含む安全性試験のガイドライン「安全性評価に関する指針二〇一五」にも、「科学的に評価された代替法については、積極的に活用してほしい。欧米などの安全性試験ガイドラインなど国際的ハーモナイゼーションの流れも強く認識しなければならない」と明記され、代替法のやり方も掲載している。

しかし高野氏からは「代替法活用を呼び掛けることが正しいかどうか分かりません。代替法は絶対いいものではない。要するに、（業界内から）『うるせ〜』と言われるということ」と驚くべき発言が出た。さらに「個人の意見ですが」とした上で、「研究者の世界では、代替法はくそみそに言われてますよ。厚労省が自治体に出す代替法に関する文書が（拘束力が強い）『通知』ではなく、『事務連絡』が多いのも反対派が多いから」とも述べた。

このような本音を聞かされると、代替法使用が進むのか疑わしくなる。私は一七年二月、粧工連の技術委員会委員長でもある岩井恒彦・資生堂副社長に東京都内の同社で質問した。岩井氏は「粧工連は3Rの順守はうたっていますが、『動物実験を廃止しよう』という統一見解までは出せません。ただ今、大手企業はどんどん動物実験を廃止しつつあり、やっている会社は少ないです」とした。その上で動物実験が必要な医薬部外品の安全性試験の代替法開発については、「企業は代替法の研究開発を進めており、厚労省にも日本で使える代替法の公定作業の加速化を求めています。資生堂としてはもちろん、粧工連技術委員長の立場としても、代替法の開発と使用の促進は呼び掛けないといけないと思っていますよ」と述べた。

さすがに業界を代表する立場の人からの発言は重いが、粧工連の職員から否定的な意見が出るのは、それなりに業界内の本音を反映しているのではないかとも感じた。というのも、確かに厚労省が〇六年から自治体に出してきた代替法に関する文書は「事務連絡」ばかりだった。「事務連絡」は「お知らせ」程度の意味合いが強く、周知、啓発、指導などを意味する「通知」より弱い。業界内では「新しい代替法にチャレンジするより、やり慣れた動物実験で済ませたほうが無難だ、国への申請も通りやすい、というのが本音」（関係者）という空気は強かった。EUの化粧品の動物実験廃止を翌年に控えた一二年に厚労省に取材した時も「なぜ通知として出さないのか」と担当者に何度も質問したが、「事務連絡と通知の意味合いは、あまり変わらないから」とあいまいな答えしか返ってこなかった。

しかし、ここ二、三年は厚労省の姿勢にも変化が見え始めている。一四年あたりからは通知が増え始め、担当者も「最近は通知が増えているでしょう」と言うほどで、さすがに役所も国際動向を見て少しずつ変わりつつあるようだ。もちろんこれだけで代替法が広がるのは難しく、動物愛護法の代替法開発と数の削減を「しなければならない」と義務化する必要がある。

3Dプリンターで臓器、オンチップで病態解明

この他、再生医療分野でも、動物を使わない研究が進んでいる。例えば、立体構造物を複製できる3D（三次元）プリンターで人由来の細胞を積み重ね、臓器や器官を作る組織工学「バイオ・プリンティング」の研究。この方法は移植用の臓器、創薬研究、疾患メカニズムの解明に役立つと期待されている。

中村真人富山大教授は、3Dプリンターのインクジェットの技術を応用して臓器を作る研究をしている。人体の組織一立方センチメートルを構成する細胞の数は約一億個。インクジェットは、A4の用紙一枚を印刷するのに一億個のインク液滴を打ち出しており、その技術を利用して細胞を積み重ねていけば、臓器ができる可能性があるという。中村教授は一五年六月、文科省の作業部会で動物を使わずに臓器を作る手法として説明した上で、「患者本人の細胞でできれば、拒絶反応のない臓器を作ることができます。動物との種差がないので、医薬品開発にも有効。疾患モデル動物を使ったり、動物の体内で人の臓器を作製したり、動物を道具のように使わなくて済み、実験動物福祉にも貢献します」と力を込めた。

また米国では、髪の毛の太さ程度の微少な流路を持つ「マイクロ流体デバイス」に細胞の足場素材

であるゲルを入れ、その中でさまざまな細胞が立体的に移動する様子を再現する研究「Ｏｒｇａｎｓ－ｏｎ－ａ－ｃｈｉｐ」が進んでいる。須藤亮・慶応大准教授は、オンチップについて米マサチューセッツ工科大学で学んだ後、がん細胞が動く様を再現する「オンチップのがんモデル」研究に取り組んでいる。

須藤氏は一六年一月、東京大で開かれたシンポジウム「細胞アッセイ技術の現状と将来」で研究発表した。オンチップがんモデルの可能性について質問すると、「可能性は限りなくあります。脳腫瘍などは、どうやってがん細胞が脳の血管まで移動するのか、頭の中を開いてみないと見れないですが、オンチップではそれが可能です。これまでは平面上のシートなど二次元の培養皿でしかできなかったのが、体に近い三次元を作ることができた上、ヒト由来のがん細胞を直接加えることもできる。病態が解明されれば、どの薬がどう効くのかもチップで研究できる。このようにして肝臓、すい臓、心臓、神経のチップを作製してつなげれば全身を作ることもできます。動物実験の代替法と言えます」と語った。

第七章　倫理面で問題「ヒト動物キメラ研究」

動物体内でヒト用臓器作成

このように私はさまざまな動物実験を取材し、代替法の進展具合も見てきた。そんな中、二〇一三年に初めて耳にしたのが、今までとは異次元の動物実験だった。それは、病気の人に移植する臓器作成などを目的に、動物の受精卵（胚）にｉＰＳ細胞などヒトの細胞を入れる動物性集合（キメラ）胚の研究。「命の始まり」を操作する実験があることを知り、ぞっとしたのである。

文部科学省の専門委員会は一八年一月、キメラ胚を動物に移植し、子を生ませる実験を容認する報告書案をまとめた。これまで胚レベルに限定していた指針内容から大きな方針転換。科学の進展が期待される一方、ヒトと動物の細胞が混ざり合った新たな生き物を作り出すことは、倫理的な問題をはらんでいる。

個体作成認める報告案

キメラとは生物学で、異なる二組以上の遺伝子情報を持つ胚や個体のこと。語源は、ギリシャ神話に出てくる想像上の怪物で、「頭はライオン、胴体はヤギ、しっぽは毒ヘビ」という異形の動物を指す。一八年の米アカデミー賞四冠に輝いた映画「シェイプ・オブ・ウオーター」は、口がきけない女性と半魚人のような生物「彼」の恋愛ファンタジーだが、この「彼」は米ソ冷戦時代の宇宙実験の犠牲になる運命にあり、ヒト動物キメラを連想させる。ノーベル文学賞作家カズオ・イシグロの小説「わたしを離さないで」では、臓器提供のために存在するクローン人間の少年少女の心情が描かれている。

今、動物の体内でヒト用の臓器を作るための実験が米国などを中心に行われている。日本ではクローン法に基づく特定胚指針で、キメラ胚を取り扱えるのは背骨や脊椎になる部分が現れるまでの受精後一四日以内に限られている。しかし、内閣府総合科学技術会議の専門調査会は一三年八月、キメラ胚を動物の子宮に着床させることを容認。これを受け、文科省専門委員会は指針見直しに向け、約四年間の審議を経て一八年一月、個体作成まで認める報告案を了承した。なお生まれたキメラ動物の交配、動物の体内で作った卵子、精子によるヒト胚の作成は「当面禁止する」とした。

主に臓器作りを想定

研究解禁で主に想定されているのは、病気の人に移植するための臓器作り。現在、中内啓光・東京大医科学研究所教授が米スタンフォード大でヒツジの体内でヒト用の臓器を作ることを目指して研究している。同じような実験として、米ソーク研究所で一七年に人の細胞が混じったキメラ状態のブタ胎児を作ることができたという発表はあったが、キメラ動物誕生の成功例はない。

一方、この研究は人の尊厳などの問題も内包している。文科省は生命倫理上の配慮として、「キメラの個体が発生した場合でも、人と動物の境界があいまいな個体など、生命倫理上の懸念が生じる可能性は極めて低い」と結論付け、外見や言葉を話すなど脳の機能で「人と動物との境界があいまいとなる個体」が生まれないことについて科学的な説明をしたり、防止したりする措置を取ることを条件とした。

しかし、実際はヒト細胞は動物の体中に散らばり、ターゲットであるヒト用臓器にも動物の血管や神経が混じる可能性は大きい。「人と動物の境界があいまいな部分」とは、漫画や映像などで描かれるような怪物のような外見だけではなく、脳や精神面、体内部の異変も含めたものであり、表面的なことだけが危惧されているわけではない。

島薗進・上智大教授（宗教学）は「動物に人の細胞が入ると思うと、そこに親和性が生まれる。ヒト動物みたいなものを作る、それを動物として扱うことは、人の体を物のように扱うこと、尊厳を傷付けることです」と強い懸念を示す。

また霊長類のキメラ研究に関しては、▽米NIH（国立衛生研究所）は連邦予算を出さない▽英国は許可を得た上で詳細な調査がなされる――など、欧米は人に近いサルの使用に厳しい。一方、日本はサルの使用を禁止していない。脳神経細胞、生殖細胞を作ることも禁じておらず、島薗教授は「ブタ人間みたいな生き物を作って、新しいペットとして売る未来がくるとか。SF的な想像ですが、どこで歯止めをかけるかが問題です」とする。

このような批判に当事者である研究者は反論する。長嶋比呂志・明治大教授（発生工学）は中内東京大教授と協力し、チンパンジーのiPS細胞をブタの胚に入れ、ブタ体内でチンパンジーの膵《すい》臓を作る研究をしている。長嶋教授は「ブタの脳の中に人の細胞が存在することが問題なら、既に広く行われているマウスの脳に人iPS細胞を打つ実験も同じことでは。人の思考を持つブタの誕生については、思考を持ったことをどうやって証明するのか。証明できないことを問題にしても前に進まないという気がします」と主張する。

さらに「研究が進めば、（人の細胞が体全体に混入した）濃いキメラができるというより、むしろ狙う臓器だけに人iPS細胞が集まる方向にいくと思います」と長嶋教授。将来予想される研究分野については、「臓器移植にとどまらず、骨や靱帯、あるいは皮膚作りなどの美容目的のビジネスニーズが生まれる可能性はある。精子や卵子をイン・ビトロより、動物の体で作ったほうが優れたものができるとなれば、生殖医療のためのキメラ研究の理解が進む突破口になるかもしれません」とも語る。

私は米国で研究中の中内氏に対してもメールで、動物が予期できない苦痛を被る可能性、ヒト動物キメラ研究の倫理的問題について質問した。すると「もし研究がうまくいって、毎日食用のために大量に殺されるブタのごくごく一部が犠牲になってくれれば、世界中の多くの臓器不全症や難病の患者を救うことができます」と返ってきた。

さらに動物の飼育環境、苦痛軽減、安楽死のエンドポイントなどについて、実験動物福祉の観点から具体的にどのようにしているか尋ねたところ、中内氏は「日本及び欧米の多くの国では、動物実験委員会で実験動物の飼育環境、実験中の苦痛軽減、安楽死の方法などについて細かくチェックします。わたしたちも動物実験委員会に実験内容を申請し、承認を得た上で実験動物規則に従って種々の実験を行っています」と具体的な答えはなかった。キメラ胚を動物に移植し出産させることを容認する方針が文科省専門委で決まった後、再び中内氏にメールで取材を依頼したり、研究の経過などについて質問文を送ったりしたが返事はなかった。

反対派の研究者が増加

文科省での四年間の審議のうち、三年余りは「科学的観点からの検討」に費やし、残りの約半年間は「倫理的、法的、社会的観点からの検討」が行われた。その中で、一般社会のヒト動物キメラに対する意識について、京都大・iPS細胞研究所の八代嘉美特定准教授は、一般の人と再生医療の研究者を対象にしたアンケート調査結果を発表した。

調査は二〇一二年と一五年に二回実施。その結果、「人間の臓器を持つ動物を作り出す事」について、一二年では、「許されるべきではない」は一般が四五・四%、研究者が一五・八%。これに対し、一五年は「許されるべきではない」は一般が四九%、研究者が三〇・三%だった。一般は両年共に反対は約五割だったが、研究者は反対が三割に上った。

八代特定准教授は反対派の研究者が増えたことについて「ヒト由来の血管や神経が動物に混じる可能性に問題意識を持つ、あるいは幹細胞研究などの代替法があると思っている人が多いのでは」と話した。

専門委員会委員でもある神里彩子・東京大医科学研究所特任准教授は一二年二月、キメラ研究をテーマに首都圏在住の二〇〜五〇代の男女で、「日常的に動物、宗教、医療と関係の薄い」二四人を対象に、キメラ研究をテーマとしたインタビューを行った。それによると、肯定的な意見は「医学の発展に寄与する」「臓器移植を待っている人のためになる」「新薬の開発には犠牲がある」などがあった。一方、否定的意見は「キメラの誕生やその扱いに懸念がある」「動物を犠牲にすることに葛藤がある」「人間と動物の境界の問題がある」や、キメラで作成された臓器の移植についても、「臓器自体の機能」「子孫を含めた長期的安全性」「移植による身体的、心理的影響」に不安があるとするものが多かった。神里准教授は「年長の男性は気にしていないが、若い男性と女性は年齢問わず否定的でした」と言う。

動物福祉の問題もある。「国の議論で最も乏しかった点は動物愛護・福祉」と断言するのは石井哲也・北海道大教授（生命倫理）。「人の細胞が混じったキメラ動物は想定外の苦痛を感じたり、成長する過程で精神的に不安定になったり、異常な行動を示したりする恐れがある。これまでの麻酔・鎮痛薬が効かなくなる可能性も。動物愛護管理法、実験動物と動物実験に関する基準や指針では、動物に負担、苦痛、恐怖を極力与えない方法で実験し、生理、生態、習性などにふさわしい環境を与えるべきであるとされている。では新しい生き物であるキメラの苦痛と恐怖をどうやって軽減し、いつ安楽死させるのか。具体的な取扱の指針を作らない限り、研究を解禁するべきではないと思います」と語る。

しかし文科省の幹部は特定胚指針について、「動物福祉のルールは必要ありません。現状の動物実験の指針、基準がありますから」とヒト動物キメラに特に配慮はしないと明言した。その理由を「ヒト動物キメラ胎児の安全面については、動物同士のキメラなど通常の実験動物と変わらないと考えられるので」と言う。そこまで断言する文献など根拠はあるのか聞くと、「文献？　違いが見いだせなかったということです」と答えた。

倫理面への言及消える

専門委での「倫理的・法的・社会的観点からの検討」では、宗教・実験動物福祉の専門家らへのヒアリングも行われた。ところが、一八年一月のとりまとめでは「脳神経細胞や生殖細胞については、移植医療を考えるにしても、動物性集合胚などの作成方法以外によることが、安全面の他、倫理的、社会的にも妥当」「意図しない個体を産生させた場合の対応、目的外とする臓器以外への分化をどの程度まで容認し得るのかについては、倫理的、法的、社会的な視点を含めて別途検討が必要」などの倫理面に言及した文章は全て省かれていた。削除した理由について、文科省は「移植の安全面を審査するのは厚生労働省で、文科省としての所掌の範囲を超えているから」「少なくとも分化制御技術が一〇〇％できなければ研究できないことになっているので、別途検討する必要はない」などとした。

審議の中では委員から「（一五年九月から連邦予算の助成を凍結中の）米ＮＩＨのように動物福祉の面から研究がストップしてしまうことをとても懸念している」「人と動物が交じり合うイメージ、気持ち悪いという漠然とした感覚がある。科学的知識を持たない大多数の人にどういう風に啓蒙していったらいいのか」など動物福祉の議論を嫌がったり、上から目線だったりする意見が目立ち、本質的な議論はほとんど無かった。専門委が毎回傍聴に来ている実験動物の問題に詳しい愛護団体から参考意見を聞くこともなかった。

専門委の主査を務めた高坂新一・国立精神・神経医療研究センター名誉所長は「この研究は人間のために行うもの。動物福祉は研究者の常識で、どの施設でも研修してきちっとやってる。慰霊祭もしている。倫理の議論をすれば、そもそも動物をこういう研究に使っていいのか、という根本的な話になります。そういう議論は内閣府で行っていただければいい」と言い切った。

倫理・社会的観点の考察を避けようとする日本。香川知晶・山梨大名誉教授（生命倫理）は「臓器移植は年々需要が増しており、日本としても米・英・中国などとの競争に負けたくない、という思惑があるのでしょう」とみる。欧州では、英国はキメラ研究に意欲的だが、フランス、ドイツは慎重で温度差がある。特にフランスは、キメラ研究は「人の尊厳を揺るがす生命操作である」との考えから生命倫理法で禁止している。

米国では民間でキメラ研究は行われているが、ＮＩＨは一五年に予算助成を一時停止。一六年に凍結を解除する方針案を発表してパブリックコメントを求めたところ、約二万一〇〇〇の意見が集まり、「ヒトの細胞を持つキメラ動物作製は倫理的に正しくない。税金を投入することに強く反対する」などの反対意見が多数を占めた。

「遺伝子を効率よく改変するゲノム編集技術をはじめ、病気の治療を理由に、生命操作に歯止めが利かなくなっている。国がキメラ研究の必要性を倫理面できちんと評価したのか、疑問を持っています」と香川教授。その上で、「議論の本質に触れないのは、いまだに国内で商業栽培がされていない遺伝子組み換え作物の失敗を繰り返したくない、という考えがあるのでは。輸入品の流通から二〇年余り経っても、安全性や生態系保護の点から遺伝子組み変え作物は受け入れられていません」と言及している。

文科省専門委は一八年五～六月、ヒト動物キメラ胚の個体発生を容認する指針改正についてのパブリックコメントを募集し、計五八件の個人、団体から意見が集まった。文科省がまとめた八八項目の概要によると、「異種移植の概念は、三次元構造を有する立体臓器の構築の実現可能性を秘めたスキーム。ドナー不足解消に希望を与える」「世界に負けないためにも動物性集合胚を作製できるようにしてほしい」「私は（自己免疫の異常が主な原因とされる）一型糖尿病患者であり、完治するには膵臓《すいぞう》移植が必要」など賛成が約四割あった。一方で、「（ヒト動物キメラ研究を審査する大学、研究機関などの）倫理審査委員会について、機関内部ではなく、外部機関で審査を実施すること。実験内容を公開すること。倫理基準、動物福祉の順守、確認を必須項目とすることの三点を加えてほしい」「社会を揺るがすような研究を実施するにあたり、最低限行うべきは情報公開ではないのか。届け出内容の公開は当然のことであり、胚の一つひとつについて、発生・子宮への着床の有無、流産、奇形、死亡、疾病、生じた障害、殺処分など全経緯を公表するべきである」「意図しない個体発生が起こった場合の対応措置がない」「専門委では倫理的問題を狭小な範囲で検討し、説得力ある根拠、対処法を示さず問題ないと結論付けた点は、人々の動物福祉上の懸念を軽く扱っている」「動物を犠牲にし、ヒトと動物のキメラを作るような非倫理的、非人道的な研究は許されない」などの提案、反対意見が約六割を占めた。

しかし、専門委は七月「修正は必要ない」として、パブリックコメントの意見は全く反映されなかった。指針は一九年三月に改定された。文科省は七月にマウスやラットの体内で人の膵臓を作る中内東京大特任教授チーム、一二月にはブタの体内で人の膵臓を作る長嶋明治大教授チームの研究計画を了承。文科省で計画了承後、長嶋教授は「もし（人用の膵臓作りが実現して）医療システムに繰り込まれた場合、一種の臓器工場のような形になる」などと報道陣に話した。ヒト動物キメラの実験は倫理的に大きな問題をはらみながら、動物福祉上の担保を何ら入れることなく、大きく踏み出すことになってしまった。

第八章　抗う業界と議員

医系議員の暗躍――動物愛護法改正

実験動物は、動物愛護法で登録義務がある動物取扱業には含まれず、規制対象から外されてきたことは既に述べた。自主管理であるために、動物実験の不都合な実態は隠され、飼育環境、実験の審査体制、3Rの順守などが不明だったり、疑わしかったり、あるいは動物が残酷に扱われている事例があることも分かってきた。しかし肝心の法改正の前には、動物実験に関係する業界と政治家という巨大な壁が立ちはだかっている。

二〇一二年に法改正の議論が行われた時は、「動物実験施設はせめて届け出制にするべきだ」という声が動物愛護団体などを中心に高まり、同年四月の与党民主党（当時）の動物愛護対策ワーキングチーム（WT）が作った法案骨子には、「届け出制」の文言が入っていた。また、現行法では3Rの原則のうち、数の削減と代替法活用の義務化も改正の目玉であった。

しかし、実験動物の規制には元々医学界、製薬業界、化学業界など関連する個人、団体から強硬に反対する声が相次いで上がっていた。特に届け出制導入に対する反発は大きかった。改正前年の一一年一二月には、公明党山口那津男代表宛に、社団法人国立大学協会、国動協、公私動協、日本神経科学学会、日本生理学会、日本製薬工業協会など計一二団体の連名で「動物愛護法の見直しに関して」とする要望書が提出されていた。これには「社会的理解を得ながら学術研究、試験研究に必要な動物実験が適正に実施され、実験動物が動物愛護の精神によって適法に飼育される管理体制が格段に進歩し、定着してきたところです。現行の自主管理の仕組みは実効性を持って遵守されており、これまで問題が生じていないことに鑑み、実験動物施設の位置付けや実験動物の生産管理に関しては自主管理体制に委ね、その体制をさらに強化すると共に、科学技術や医療の更なる発展と社会への貢献の観点も踏まえて検証しながら、今後も現在の体制を着実に推進していくことが重要であると判断します」などと書かれている。

翌年五月にも同じメンバーが名を連ね、自由民主党政務調査会長の茂木敏充議員、同党環境部会長の吉野正芳議員らに対し、前回と同じ内容の要望書が出されている。

同じころ、届け出制導入に前向きな民主党議員に対し、議員の出身地にある国立大学学長が上京して議員会館までやってきたこともあった。その際、学長は議員に「届け出制になってどこの施設にどんな動物が何匹いるかということが分かると、研究秘密がばれてしまう」などと話し、暗に規制しないよう要請したという。

また民主党内で規制強化に強硬に反対したのは、党政策調査会長代理だった桜井充厚生労働副大臣。桜井議員は医師でもあり初めから党内で届け出制に大反対する強硬な態度を示し、ＷＴメンバーに「（動物実験に関して）厳しい改正なら認めないぞ」と届け出制導入の断念を強く迫ったという。国立大学協会は桜井議員に要望書を提出した他、一二年四月には面談もしている。そして同年五月、民主党ＷＴが法案骨子を議論した際には医師系議員の強固な反対で実験動物の項目はすべて削除された。

私は、桜井議員本人の見解を聞くために事務所に何度も取材を申し込んだが全く返答がなく、文章での質問にも「答えられない」と断られた。

同じく規制導入に反対したとされる民主党（当時）の吉田統彦衆院議員（現立憲民主党）は同年八月、議員会館で取材に応じた。眼科医でもある吉田氏は届け出制について、「現実的に可能なのか。海外でも日本でも（動物実験施設に動物実験反対派が）侵入する事件が起きた。米国でも動物が連れ出されている」と消極的な姿勢を示した。

３Ｒのうちの使用数削減の義務化に関しては、「私は（医療）現場を知り尽くした上で言ってる。日本の大学はお金がない。動物を飼うのはお金がかかるので、できる限り減らしたいと思っています。このまま実験動物は自動的に減っていきますよ」と主張。さらに「私は蚊すら殺さない、アリも逃がす、ごきぶりホイホイだって置かない、動物も虫も殺さない人間なんです。自分の研究室の実験マウスを半分に減らした経験もある。要は研究者次第だ」と強い調子で、義務化は必要ないとの見方を示した。一方で代替法の義務化については「大賛成」と述べた。

一方、動物実験の届け出制導入に関しては民主党内にも反対論が根強いことから、実験動物だけ別の法律を作り、そこで届け出制にするという案が浮上していた。同年三月に作成された別法案「動物実験などの適正な実施などに関する法律案（仮称）要綱案」によると、「主務大臣への届け出など」の項があり、「動物実験などを実施しようとする者または業として実験動物の繁殖もしくは供給を行おうとする者は主務大臣に届け出るとともに、これを公表しなければならない」と記されていた。ただし、届け出以外は現状の動物愛護法の趣旨とほぼ同じだった。別法案の「目的」は「動物実験などの適正な実施並びに実験動物の適正な飼養及び保管に関する自主的な管理の改善を促進し、動物の愛護及び管理をめぐる社会的環境と調和のとれた科学技術の発展を期すること」と科学技術の発展が柱になっている。3Rの代替法と使用数削減は配慮義務にとどまっていた。

この別法案について、当時民主党動物愛護対策WT座長を務めた田島一成元衆院議員は「届け出制導入については医学界、動物実験に関連する業界からの反対するロビー活動が激しく、党内も当初から反対論が強かったため、別法案を用意した。しかし、あまり時間的な余裕もなく、役人も消極的だった。市民団体も反対したからペンディングにした。実験動物については早い段階であきらめました」と述べた。

規制導入を求めてロビー活動をしていた市民団体側は別法案について「事前に何の説明もなく、五月ごろ、改正法案の骨子から動物実験の項目が落とされる前に突然話を聞いた。与党議員から『届け出制にしたければ、その代わり別法案を受け入れるように』ともちかけられた」と振り返る。ＰＥＡＣＥの東代表は「少なくとも目的に『将来的には動物実験の廃止を目指す』という文言があるならまだしも、科学技術の発展を主眼とする法案には賛成できない。涙を飲んで（届け出制を）あきらめました」と振り返った。ＪＡＶＡの和崎聖子事務局長も「科学技術振興を目指す別法案では、動物実験がやりやすくなってしまう。しかも届け出制以外には新たな点は特になく、なぜ別法にする必要があるのか疑問でした」と語った。別法化で監督官庁が環境庁から別の省に移る可能性があり、「実験する側に動物福祉を守らせるためには、規制する役割を担う環境省が責任を持つのが筋です」と東さんは釘を刺す。

別法化は動物実験をする側からの支持が少なくない。取材した何人かの関係者からは「欧米の実験動物の規制当局は農務省、内務省だが、日本の動物愛護法は環境系議員による議員立法なので、医学関係者とすり合わせができない。実験動物が愛護法の枠内にあることにかなり違和感がある」「経産省が管轄する科学技術法のようなものを作り、そこで動物実験を位置づけられないか」などと、業界の意向を反映した法律を望む声を聞いた。しかし、現行法で届け出制さえ拒むような側の意向に沿う法律ができてしまえば、３Ｒの実効性強化や動物福祉の順守どころか、まず動物実験ありきの法律になり、実験の犠牲になる動物を守れなくなってしまうのではないか――。私は強い危惧を抱いている。

一二年の動物愛護法改正で実験動物については何の改正もなかった。

前回改正から六年以上が経った今、改正に向けた議論が進んでいる。一六年八月、国動協と公私動協に次回の法改正で再び、「自主管理の維持を主張しますか」と質問書を送ったところ、国動協は「機関管理体制の推進と強化を推奨していますが、維持についての質問には回答する立場にありません」、公私動協は「回答できません」と返答があった。

私は動物実験関係者に会うと、「実験動物福祉の向上と科学の発展は矛盾しますか」と尋ねている。すると、全ての人は一瞬考えた後、「いや、矛盾しない」と答える。「ではなぜ、福祉の向上のためにせめて届け出制、登録制など法規制を受け入れ、具体的な基準を作らないのでしょうか。登録制にしても罰則はつかないから、関係者の大きな負担にはならないと思いますが」と聞くと、ある関係者は「確かに現状に小さな問題はある」と認めつつ、「今の体制、枠組みの中で改善していけばよい」と主張。「届け出制では大した影響がないのは分かっている。しかし法改正がされると、次は登録制、そして許可制へと業界への要求は厳しくなっていくから、それを恐れている」と本音をもらす人もいた。

ところで環境省は一七年一一月、実験動物の飼養保管と苦痛の軽減に関する基準の解説書を三七年ぶりに改訂した。これは前回の動物愛護法改正で一三年に解説書作りが指針に盛り込まれたため、一六年から約二年かかって研究者らが執筆したもの。旧解説書は一九八〇年に作られ、二〇〇五年の3Rが入る二五年も前のもので、「犬の放し飼い禁止」「野生ザルの捕獲方法」など、保健所の払い下げ犬や野生ザルを実験に使っていた時代をほうふつとさせる、現状にそぐわない内容がたくさんあった。環境省動物愛護室の担当者は四〇年近く改訂がされなかった理由について、「犬猫など愛護動物関連にマンパワーが取られ、長い間、遡上に載せられなかったのだと思われます」と釈明した。

新しい解説書は、環境省の基準に沿っているため、ケージのサイズなど飼育スペースの数値基準がないなど具体性に欠ける点はあるが、EUの実験動物保護指令をはじめとする実験動物の保護と規制強化の国際基準に触れながら、環境エンリッチメント、苦痛軽減で鎮痛薬について詳述するなど大幅に変わった。

同年一二月に新しい解説書を説明するセミナーが東京大で開催された。新解説書を執筆したのは、同省設置の実験動物飼養保管等基準解説書研究会の大学や企業に務める一〇人。執筆者の一人でもある浦野徹委員長（日本実験動物学会理事長）は「基準はあくまで努力目標。各職場で解説書の内容の周知徹底を図ってほしい。日本実験動物学会でも実験動物管理者の研修を年一～二回開いており、約一〇〇〇人の受講者を拡大していく」と述べた。

セミナー後に浦野委員長に解説書や法改正についての意見を聞いた。

――「各職場に周知徹底を図る」と言われた。立派なものができましたが、今の日本の施設は犬でもサルでも一匹飼いが一般的ですし、不衛生な所もあるやに聞いている。現状と理想のギャップについてどう思われますか？

浦野氏　実行できるものは取り入れていくし、実行できないものは、スペースも含めて、それ（目標）に向けて（各施設は）予算を獲得してほしい。僕らは強要できませんから。

——ですよね。「やりましょう」ということですよね。でも、こういうセミナーに来る人はいいですが、こない人もいる。解説書を作っただけでは限界があるのでは？

浦野氏　それは周知徹底していく。学会とか、環境省もＨＰにアップする。いろんな方法。文科省は別の形で説明会とかいろんな形でやっています。

——この解説書は守らなくてもいいのでは？　守らなくても罰則もないですし。基準そのものが努力でやりましょう、ということだから。

浦野氏　我々はどうしようもない。無理だよ。アカデミアができるのはここまで。

——動物愛護法の改正が一八年から議論される見込みです。この解説書があるから、３Ｒ全ての義務化、届け出制をやらなくてもいいよ、とか思っていますか……？

浦野氏　そんなことはない。

——（改正する必要はないという）根拠になったりしませんか？

浦野氏　いや。今（動物実験施設の）機関管理ということで実験計画を審査しながらやっていますよね。計画の中で３Ｒはみなさん入れてやっているので、実現に向けてやってます。間違いなく。

——その辺が見えないんです、全く。分からないから我々は……。

浦野氏　計画書は出ているでしょ。

——計画書は黒塗りなので分からない。

浦野氏　いや、計画書にそういう（基準に入っている）項目を書きなさい、という。国動協、公私動協のＨＰにもアップしてるし。

——浦野先生は実験動物学会の指導者として、法規制で一段引き上げるということにはよろしくない、とお考えですか？

浦野氏　機関管理で推進しているから、我が国は。長い歴史を持ちながら。機関管理をより充実しながら。だから法律すべてを作り上げてやっていく仕組みに日本はなってないから。僕ら行政じゃないですから。

——行政側でそういう風に（規制強化に）なっていけば、従わざるをえない、ということですか？

浦野氏　そうせざるを得ない。決まったら。

——でも、そうさせないでしょ？

浦野氏　いや、まずい点があるなら是正していくということを考えていく。ただ日本が作り上げた機関管理という仕組みは機能しているし。日本人の特性かなあ。努力義務とはいえ、機関管理でうまくいってる。

——そうですかね？

浦野氏　はい、そう思ってます。

——でも、結構あんまりよろしくない所もあると……？

浦野氏　それはごく一部であるかもしれませんね。

――動物実験施設は、外部検証の調査員が来る前に慌てて（動物を）シャンプーしたり、掃除をしているという話も聞きますよ。

浦野氏　社会的に透明性を図るために自己点検評価をやっています。

――それが本当にチェックになっているのかどうか疑問なんですが。

浦野氏　やっています。

――それが一般的に、我々には分からないですね。

浦野氏　だけど自己点検評価、外部検証の中身についてはＨＰで掲載しているんで。それ以上難しいじゃないですか？

――このほど解説書で動物実験の法規制に関する欧米と日本の制度比較表が掲載されましたが、かえって日本が海外と比べて法規制がないこと、逆に差が歴然としてしまいました。

浦野氏　でも森さん、日本が法律をどんどん厳しくしていくのはいいんですか？

――産業動物も実験動物も規制は何もありませんよ。

浦野氏　でも規制はいっぱいあるから。山のようにありますから。規制法が何もないってことじゃない。

――カルタヘナ法とかいろいろありますが、一番肝心の動物福祉を守るという部分の規制は何もないです。

浦野氏　動物愛護法は理念法ですから。

――そこを変えたほうがいいんじゃないかっていう意見がありますし。

浦野氏　どう変えるんですか？

――最低限、届け出制、登録制にするとか、３Ｒを全て義務にするとか。

浦野氏　なぜ登録制にする必要があるんですか？

――だってチェック機能が働かないから。ベンチャー系の実験施設とか何をやっているか分からない。ちゃんとしてる施設はいいですよ。ＡＡＡＬＡＣ認証取ったり。でもそうじゃない所は全く不明です。査察もない訳ですから。

浦野氏　それを自己点検、外部検証という形で推進しているわけで。森さんのように「全くやってないじゃないですか」ではなくて……。

――全くやってない、とは言いませんよ。でもかなり差がありますよ。

浦野氏　その差を埋めるためにね。やっているわけですよ。そのために「うちはどうチェック、何をしたらいいのか」と。今回の解説書も利用しながら、さらに細かいチェックを作ってやっていく、というのが現状ですよ。

――でも逆にこれだけ立派な解説書の中身を徹底させるには、貧乏な大学が予算獲得するために法規制を厳しくして、法律を根拠にして予算を得る方が私はやりやすいと思いますが。皆さん「全然お金がない」とおっしゃっています。

浦野氏　僕らのやることじゃなくて、国が法律で規制するとしたらやっていくことになる。ただ、それを動物愛護管理法でやるのか、どういう法律でやるのか……。

——別法ということですか？

浦野氏　別法もありじゃないですかね。既存の法律の中で縛りをかけていくのもありですがね。それはやっぱり国策ですよね。特に産業動物になると、さらに国策になるでしょうね。

——先生方はそのへんを具体的に考えていらっしゃるわけ？

浦野氏　考えてません。

——前回の法改正時に、現行の基準を合わせたような別法案がちょこっと出てきたじゃないですか。

浦野氏　出ませんよ、表には。

——一応（水面下で）出てきたじゃないですか。あれはいい加減というか、各省の基準を足して、届け出制を入れただけという感じのものだったんですけど。あれに変わるようなものを考えていらっしゃる？

浦野氏　考えてません。

——そんなことする必要もなく？

浦野氏　だから機関管理を推進していくと。機関管理で限界が出て、問題が山のように出てきて動物実験が立ちゆかなくなった、ということが見え始めたら、国は科学研究の推進そのものに関わるので法律で縛ったほうがいいのかどうか検討するんじゃないですか。

――どうですかね、あまり国のそういう姿勢は全く見えない。環境省も「あれは議員立法だから」という感じだし。やる気は全く感じないです。

浦野氏　僕らはわかんない。国がこういう問題がたくさん出てきて……。登録制とか次元の低い話じゃないですよ、科学研究が立ちゆかなくなる可能性があると、そのために新しい法律を作る必要があると。それを「浦野さんたちアカデミアが考えてくれ」と投げてくれれば動きますよね。

前から言ってるようにね、機関管理で推進していく。ただし機関管理も自由奔放にやっているわけじゃなく、縛りが入った中で大きな問題点は起きてない。ちっちゃな問題も含めてどのように推進していけば、よりよい機関管理ができるのだろうか、と考えながらやっている。そのために策として、こういう解説書もそうだし、どういう策を講じたらいいかは（前回の動物愛護法改正時の）付帯決議の中で出されている。あれは行政および議員関係者が出してきた案件なので。

――例えば魚類ですが、日本は動物愛護法の中に魚類は対象に入ってないじゃないですか。でも魚で実験やっている人は国際論文を出す際に「魚の実験福祉の部分が弱い」ということで評価が低くなる、という声も上がってきてますが。

浦野氏　僕もう行かないといけないので……。

――分かりました。

関係者から苛立ちの声も

これまでの取材で、医学界、民間業界など組織として規制に反対する声は大きい一方、日本が国際基準から著しく遅れていることを自覚している人もいることが分かってきた。研究者、獣医師らは国際的な学会に参加することが多く、日本と欧米との法整備、体制作りなどの格差を個人的には実感しており、動物福祉を基本にした具体的な基準作りを求める声も聞かれる。

日本動物実験代替法学会（東京都文京区）の黒澤努元会長は「日本ではいまだに衛生面、温湿度の設定ですら適切に管理していない施設がある。法的にも獣医師の配置が義務付けられていないなど、国際基準からかけ離れている」と指摘する。

代替法学会は一一年一二月に動物愛護法改正に関する意見書を黒澤会長名で発表している。その趣旨は「ＯＩＥ、ＣＩＯＭＳ、ＩＬＡＲ基準、ＥＵ実験動物保護法などは厳格な３Ｒの履行を求めており、これら国際的な実験動物福祉と動物実験規制との整合性を取る必要がある」というもの。具体的には①代替法と実験動物使用数の削減の配慮義務を義務に改訂する②代替法と使用数削減を配慮する際の「科学上の利用の目的を達することができる範囲において」「その利用に必要な限度において」という前提はすべて削除する③畜産動物と実験動物を動物取扱業に含める④実験動物福祉を実践するため、獣医学的に適切な方法を取ることを動物愛護法と環境省の基準に明記する――など。しかし前述の通り、一二年の法改正では業界と政治家の強硬な反対により、実験動物に関しては全く変わらなかった。

法改正で超党派議連が骨子案

一八年一二月、超党派でつくる「犬猫の殺処分ゼロをめざす動物愛護議員連盟」（会長・尾辻秀久自民党参院議員）は約二年かけて議論してきた動物愛護法改正案の骨子案を発表した。同議連は自民・公明・立憲民主・共産党など与野党の議員約七〇人からなるもので、動物愛護、動物福祉に関心ある議員が名を連ねている。

同案では子犬、子猫を母親から離して販売する時期について、現在の生後四九日（七週齢）から同五六日（八週齢）に引き上げること、販売する子犬、子猫にマイクロチップの装着を義務付けることなど愛護動物の規制強化が中心になっている。実験動物については、３Ｒの原則をすべて義務にすることだけが盛り込まれた（ただし現行法でも苦痛軽減だけは義務化されている）。議連法改正ワーキングチーム座長である牧原秀樹厚生労働副大臣（自民衆院議員）は「３Ｒについては、それなりにちゃんとやっている人がいると理解しています。私は厚労副大臣として医療業界の人に相当根回しをしている。開けてびっくり大反対ということはないように。かなり抵抗は予想されますけどね。こればっかりは開けてみるまで分からない」と話した。

肝心の規制については、八月の同議連とりまとめ案では入っていた実験動物の繁殖・販売業者の登録制、教育・産業目的の実験動物施設の届け出制導入の文言は消えていた。私は失望した。六年前と同じように規制が見送られた理由について、議連事務局次長の高井崇志衆院議員（立憲民主）は「踏み込みたい気持ちはあるものの、短い時間で政治的に難しいのではという議論があった」と答えた。牧原議員は「届け出制など適用範囲を広げると、どのくらいの業者、影響が及ぶのか、環境省はデータを持っていない。もう少し調査が必要ではないかということです」と話した。

同議連はもともとペット中心の改正で一致して発足したため、当初は実験動物、産業動物については後ろ向きだったが、市民団体などからの強い要請もあり、取りまとめ案にほんのわずかではあるが改正点が入った。

しかし道のりは険しい。今後各党で同案が議論されるが、与党である自民党内には「どうぶつ愛護議連」（会長・鴨下一郎衆院議員）をはじめとする四つの動物愛護法関連の議連があり、特にどうぶつ愛護議連が最も影響力を持つとされている。同議連で現時点（七月）で議論が進んでいるのは「マイクロチップ装着の義務化だけ」（自民関係者）という状況で、全体的に規制強化には腰が重い。実験動物に関してはさらに後ろ向きの姿勢が見て取れる。

私は同年八月、自民のどうぶつ愛護議連の事務局長である三原じゅん子参院議員、同議連幹事長の山際大志郎衆院議員に、ゼロ議連が六月の取りまとめ案で挙げた実験動物の規制強化などに関する考え方を聞くために取材を申し込んでいた。

三原議員は対面取材には応じなかったが、九月に書面で回答してきた。第一種取扱業者（登録義務）に実験動物の繁殖・販売業者を追加すること、第二種動物取扱業者（届け出義務）に実験動物と産業動物の施設を加えることについては、「業種を追加する必要性はどのような観点、データなどから説明できるのか、自治体の事務を大幅に増加させることなども想定されることから、関係省庁、自治体などの意見聴取も含めて検討する必要がある」とした。「３Ｒの原則の達成を義務化する」に関しては、「動物実験を所管する各省庁などの意見聴取も含めて検討する必要がある」と具体的な言及はなかった。山際議員は対面でも書面でも返答はなかった。山際氏は一九九五年に山口大獣医学科を卒業した獣医師でもある。

ゼロ議連は各党内での議論などを経て、法案成立を目指しているが、内容は大幅に変更される可能性もあり、予断を許さない状況だ。

国際シンポで認識の差を実感

一七年一月、沖縄科学技術大学院大（ＯＩＳＴ）で「国際動物福祉シンポジウム」が開かれた。米国、カナダ、英国、台湾などから実験動物学、動物行動学などの研究者ら一八人が集い、環境エンリッチメント、鎮痛、安楽死を主要テーマに二日間の講演があった。大学、企業の関係者ら約五〇人が参加し、どの講演も動物福祉を重んじる研究内容だった。

ＡＡＡＬＡＣインターナショナルのキャサリン・ベイン事務局長は、「二〇一一年改訂のＩＬＡＲ指針では『倫理』という言葉が一六回も載っており、動物実験の倫理的実践がより一層求められている」と強調した。

英王立獣医科大のルーシー・ウイットフィールド獣医師は安楽死に関して、「動物にとって苦痛ができるだけ少ない状態で行うことと同時に、殺処分を行う人間のストレスを軽減するためにも、『安楽死の方法は倫理的かつ人道的だった』と納得できるものであることが重要」と述べた。

安楽死については、哺乳類だけでなく、実験に使われるゼブラフィッシュの苦痛軽減に関する報告もあった。トロント大学のシュリーン・コリモア獣医師は一般的にゼブラフィッシュの安楽死に使われている薬に関して、「意識、呼吸、心拍が早くなるという利点はあるが、口をぱくぱくさせたり、体をねじったり、泳ぎ方が異常になったりして非常に苦痛を与える」として、苦痛度の少ない薬の研究報告をした。

講演後の質疑応答で、私は登壇者に「日本の研究者の中には、『環境エンリッチメントをやりすぎると、動物実験の再現性が損なわれる』という意見がいまだに根強い。これについてどう思いますか」と質問した。すると、「サルを一匹ずつ隔離して飼うと、再現性に問題が生じることは科学的に明らかになっており、エンリッチメントの充実は科学の成果につながることは証明されています」（サルの社会性について報告したブランダ・マコーワン・カリフォルニア大デービス校教授）と明言し、その他の研究者も飼育環境の改善に取り組む重要性を強調した。

また「実験動物はマウスがほとんどなので、獣医師は必要ない」という日本の一部研究者の意見について尋ねると、「英国でも実験動物の四分の三はげっ歯類。マウス、ラットはがんなどの疾患モデルが多い。疾患モデル動物の苦痛は非常に大きく、容体は急変しやすい。患者に医者が不可欠なように、実験動物の症状を見極め、より科学的に正確な実験を行うために獣医師は絶対必要です」（ウィットフィールド獣医師）という声が多かった。人道的エンドポイントについて講演したリンダ・トス南イリノイ大教授は「米国では約三〇年前から動物実験の場に獣医師を置くことが求められるようになった。獣医師と研究者が協力するからこそ良い研究の成果が出るのです」と答えた。

実験施設に立ち入りを

約六年をかけた取材で分かったことは、実験動物の使用数、実験施設の数など基本的な事柄すら把握されていないということだった。施設は自主管理であるため、飼育環境や実験処置の実態も不明。たとえ不適切な事例があっても、内部告発でもない限り表面化することはほぼなく、関係者が「機関管理はうまくいってる」と豪語するに任せている。

実態がつかめない大きな原因は届け出制すらなく、国が責任を取ろうとしないことではないか。動物愛護法の実験動物の扱いはせめて届け出制、あるいは登録制を導入するべきである。実験関係者のトップが登録制を「次元の低い話」と言い切るのなら、なぜ規制導入に組織を上げて反対するのか、大きな矛盾を感じる。

国が管理監督責任を放棄する一方、独自に把握に務めている自治体が二つある。兵庫県は一九九三年、動物愛護管理条例に「何か問題が生じてから指導を行うといった消極的な対応ではなく、不適切な飼育、保管があった場合に迅速に対処できるよう、事前に施設の把握を行う」などとして、動物実験施設の届け出を義務付けた。

私が一八年一～三月に兵庫県を含む一県四市に実験動物施設の名称、所在地、動物の種類などの一覧表の情報公開請求をしたところ、県二四件、神戸市三六件、西宮市七件、姫路市二件、尼崎市一件の計七〇施設の届け出が出されていた。施設は製薬会社、食品・化学メーカー、ペットフードの会社、大学、高校、専門学校、保健所など多業種にわたっていた。

届出書には施設の見取り図、構造と規模を示す図面の添付も求められている。私は後日、施設数が多い県、神戸市、西宮市に見取り図の情報公開請求も行った。

神戸市は見取り図について拒否した。その理由として「公にすることにより、犯罪の予防などに支障をきたす恐れがあり、当該法人などの正当な利益を害すると認められるため」とあった。神戸市の担当者は非公開の理由を「一三年に見取り図を請求に応じて公開した後、動物実験の関係者から『防犯上の観点で問題があるのではないか』と言われ、市で検討した結果、非公開にすることを決めました」と述べた。「届け出の条例ができてから二五年間に実害はなく、非公開にする合理的な理由が分からない」と質問すると、「今後、侵入されたり、物を盗られたりする恐れがありますので」と言う。

西宮市に対しても見取り図の情報開示請求をしたが、四月に非公開の通知がきた。理由は「経営運営などに関する情報と法人などの競争上の地位、その他正当な利益を害すると認められる情報、公共の安全、秩序の維持に支障を及ぼすと認められる情報に当たる」とした。私は五月、神戸市長と西宮市長に対し処分を不服として審査請求をした。

兵庫県は見取り図も公開した。オープンにしたのは、閉鎖した一施設を除く二三施設。各施設の動物実験室、飼育室の配置図が記載され、「マウス・ラット・ウサギ用ラック」「犬・ブタ飼育室」「実験台」「実習室」などとあった。一部の施設で「ラック」「ケージ」とのみあり、動物の種類の記載がないものがあったので、兵庫県に「種類を記すよう指導しないのですか」と聞くと、担当者は「届け出制では提出された書類を受け付けることが主な目的なので、そこまでは指導していない。ただ新設されたり、改築されたりする場合は現場を見ています」と答えた。

見取り図非公開に対して不服の審査請求をした神戸市は六月、「犯罪の予防に支障をきたす恐れがあり、法人などの正当な利益を害すると認められる箇所については非公開とする」とし、「外部から立ち入れる部分は一部マスキングをして」公開すると決定した。

送られてきた三六施設の見取り図は、兵庫県と同じく神戸大、理化学研究所、神戸市保健福祉局など大学、研究機関から大手の製薬・食品メーカー、安全性試験を受託したり、「レンタル動物実験室」を行う会社などもあった。施設の中で、部分的に不自然に抜けている「マスキング」された箇所があちこちにあった。手書きで雑な図、字が小さすぎてよみづらい図も。一部にケージ、換気、洗浄設備などの説明を付けたものもあったが、動物が一匹飼いなのか、ペア飼いなのか、環境エンリッチメントなど動物福祉の配慮が分かるものは見当たらなかった。

一方、見取り図の非公開を不服として審査請求していた西宮市の情報公開審査会は一九年一月、非公開処分は「妥当」という結論を出した。

神戸市内の施設については一八年九月、「カバーマーク」「アクセーヌ」などの化粧品ブランドで知られるピアス（大阪市）が、神戸市にある動物実験施設「ピアス中央研究所」の届け出を二五年間していなかったことが明らかになった。同社は同月下旬に届け出を出した。

ピアス中央研究所は一九九二年に設立。九月にPEACEの東代表の指摘で無届けが発覚した。同社は無届けだった理由について、当初は「条例の届け出の除外規定に当たると思っていた」としていたが、除外対象とはライオン、ヘビなど人に危害を与える特定動物の飼育、動物検疫所などであり、ナンセンスな言い訳である。同社に再度問いただすと「条例の存在を認識していませんでした」（村田誠一経営企画部長）と答えた。

また実験動物を飼い始めた時期について、当初神戸市に「二〇一〇年から」と釈明していたが、〇四年の米NIHのホームページに同社研究者らによるマウスを使った研究成果が掲載され、実験した場所は「神戸市」となっていた。この点を同社に問うと、「記録が残っていた一〇年以降の情報を書類に記載しました。それ以前については調査中です」と釈明。創業時にさかのぼると二五年間無届けだったことになる。神戸市は「ピアスから聞き取りした結果、飼育記録は残っていないが、実験施設ができた当時から動物を飼育していたようです」と担当者は話した。

情報開示請求で得た神戸市の文書には、一五～一八年度のピアスの実験動物使用数が記され、一八年度は「代替法による安全性試験七件、マウス一六〇匹、一試験平均二三匹」「医薬及び医学的研究五件、マウス七四匹、モルモット四匹」とあった。ピアスによると、「代替法による安全性試験」とはマウスの耳に化学物質を塗る「LLNA」というOECDテストガイドラインのこと。皮膚感作性試験は従来、モルモットの皮膚に化学物質を塗布して皮膚がただれたりする反応を肉眼で判定していたが、LLNAは炎症を起こさない濃度で塗布して殺処分後に細胞の増減で判定するため、「動物の苦痛を軽減する」という代替法。ただし、厚労省は一八年一月に日本発のh—CLATを含む三つのテストガイドラインを組み合わせた代替法の通知を出している。動物を全く使わない代替法ではあるが、「三つの方法を使うのでLLNAよりコストはかかる」（関係者）という。ピアスの村田経営企画部長に通知の代替法を採用しないのかを尋ねると、「大枠の方針で公定化された試験法を使うことになっています」と答えた。

一二月一〇日、ピアスグループはホームページに、化粧品（医薬部外品も含む）の開発で外部委託も含めた動物実験を一九年三月末で廃止することを決定したと発表した。これはPEACE、JAVA、NPO法人アニマルライツセンター（東京都渋谷区）の三者が粘り強く同社と交渉を続けたことが大きかった。村田経営企画部長は「敏感肌の人が使う化粧品を開発するときにどうしようか、今のところ代替法は確立されていないので、高いハードルが課せられた」と述べた。一方で、「今後は傷の治療など再生医療、美容目的の医薬品開発での動物実験は可能性として残っている」とも話した。

それにしても、神戸市は研究所が二五年前からあったのに、ピアスに問い合わせることはなかったのだろうか。「登録制ならありえますが、届け出制は施設が自主的に出すものですから。市が調べることはありません」と市の担当者。届け出制は評価されるべきことだが、その限界を再認識した一件だった。

一方、静岡県は全国で唯一、動物愛護管理推進計画に実験動物の3Rの遵守などを目的として、毎年一回県内の動物実験施設を立ち入り調査している。PEACEが情報公開請求した、同県の一六年度実験施設立ち入り調査票は全部で五一件（施設）あった。

静岡県に聞いたところ、立ち入り調査は「環境省の旧飼養保管基準が一九八〇年に制定されて以降、大学、企業などに任意で協力してもらって実施しています、明確な時期は不明ですが三〇年以上前から行っていることは確か」と担当者が答えた。

調査表は環境省基準に沿って二種類あり、一つは実験動物の種類、収容施設の大きさなどを記入する「実験動物取扱状況調査票」。もう一つは3R、適切な給餌・給水など健康と安全、輸送時の扱いなどについて記入する「実験動物取扱施設訪問調査票」。取扱状況調査票は、動物の保管数、実験の名称と使用数、動物の処分方法まで比較的具体的に記述する形式になっている。だが施設訪問調査票は○×（ある、ない）方式で、3Rにどの程度取り組んでいるのか、術後の苦痛軽減の方法など個別的なことまでは分からない。環境省の旧解説書が四〇年近く改訂されなかったような代物だったために、調査票の項目も大まかな点は否めないが、少なくとも動物実験委員会設置の有無など、基本的なことの順守状況は分かるので、自治体が二〇～三〇年も前から自主的に続けていることは意義がある。

調査票で最も多かった指摘は、「(動物)実験委員会等指導機関の設置」と「点検結果の公表、外部機関による検証」で、委員会、外部検証の一方、あるいは両方「×」が付いている施設が八つあった。

ある施設は、動物実験委員会はあるが、外部機関による検証が「検討中」。「適切な給餌、給水、環境の確保」の項目には、「水切れたケース有」と記されていた。最後の「摘要」には、調査担当者が水切れについて、「一部の給水器内の水がなくなっているのが見られた。常に水が飲めるようにしておくこと」と指導していた。外部検証については「管理者は定期的に、基準と指針の遵守状況について点検を行い、その結果について適切な方法により公表すること。なお点検結果については可能な限り、外部の機関などによる検証を行うよう努めること」と注意されていた。

実験委員会の不備が見受けられた施設について、静岡県の担当者は「施設名は言えないが、純粋な研究機関ではないことを確認している」と答えた。繁殖場など実験をしない施設であると推察される。ただし、ある施設は管理者が「学校長」、実験動物管理者が「教諭」で、動物はマウス、ハムスター、スナネズミが計一二四匹使われ、実験は「解剖、ゾンデ(医療機器の細い棒)、皮下注射、腹腔内?(判読できず)、体重測定」、「計画的に繁殖を行う。計画的に実験実習を行う」、安楽死処置は

「頸椎脱臼、腹大静脈から採血」とあり、学校と思われるが、動物実験委員会の設置は「×」とあり、「昨年度から（県が）指導」と記されてあった。高校でもマウス、カエルなどを使った動物実験はされているが、動物実験委員会を置いている学校はどれだけあるのだろうか。

「実験内容」は、ビーグル犬は「単回または反復投与毒性試験など」、ウサギは「生殖試験、催奇形性試験、刺激性試験など」、サルは「単回または反復投与試験など」と種類ごとに記されたものがあった。犬、マーモセット、ウサギ、マウス、ラットを持つある施設は「探索研究」「医療機器探索研究」とあった。

ミニブタを二〇〇匹近く使った施設では「反復投与毒性試験」「移植試験」「透析試験」など五種類の試験が列挙されていた。「猫八匹」という施設があったが、何の実験に使われているかは黒塗りで分からなかった。

「動物の処分方法」では、犬、サル、ブタなど中型の動物を含め、全体的に「麻酔薬の過剰投与」「二酸化炭素吸入」が多かった。

マウス、ハムスターについては、「（ジエチル）エーテルの過剰吸入」が六件。環境省の解説書によると、「エーテルは引火性及び爆発性があり、労働安全衛生上極めて危険である。動物に対して気道刺激性が強く、流涎（よだれの意味）や気管分泌液の増加、咽頭けいれんなどの副作用がある。医薬品として販売されておらず、倫理的観点からも推奨されない。容認されない」と麻酔と安楽死いずれでも使用が禁止されている。県担当者に「エーテル使用が散見されますが、新しい解説書に沿って使用禁止などの指導はしていきますか」と聞くと、「はい……。これから調査する施設には、新解説書に準じた指導はしていると思っています」とやや小さな声で返ってきた。

「炭酸（CO2）ガス吸引」は一八件（施設によってはマウス、ラットから犬、ブタまで大小複数の動物を保有しており、麻酔薬の過剰投与なども併記されている）あった。炭酸ガス使用について、解説書は「炭酸ガスには麻酔作用があり、まず意識消失が起こり、ついで酸素欠乏により死亡する。しかし、CO2濃度の推移と動物の生理学的変化と死亡までの過程について動物福祉の観点から多くの議論があり、完全な結論は得られていない。最初から高濃度に暴露すると、意識消失前に苦痛を感じる可能性がある。一方、濃度を徐々に上げていくと、酸素濃度も低下し、意識消失前に呼吸困難に陥る」とある。

さらにマウスの「安楽死措置」として「N2（窒素）ガス」というのが一件あった。動物実験に詳しい獣医師は「窒素ガスで処分……。初めて聞きました。炭酸ガスでさえ苦しいのに、窒素はもっと苦しいはず。人が窒素で殺されることを想像したら、どんなに残酷か分かるのではないでしょうか」と絶句した。

「頸椎脱臼」は一一件。中には「エーテル麻酔下での断頭」もあった。解説書では頸椎脱臼と断頭について、「化学物質による汚染がなく、熟練した実験者、技術者が実施する場合は、マウスやラットなどの小型動物の安楽死処置法として容認される」とあるが、「ラットはサイズや組織の強度がマウスと異なるため、かなりの熟練と力を要する」「選択する順位としては下位に置き、麻酔下で実施することが推奨される」とある。また調査票が白紙になっているものがあり、「記入に協力頂けなかったとのこと」とあった。

施設の「実験動物管理者」は、「教授」「准教授」らが一七施設と最も多く、「実験動物技術者一級」「同二級」の資格を持つ研究員らが一四施設、「獣医師」は九施設にとどまり、後は「部長」「研究所長」などだった。

現行基準に沿った立ち入り調査だけでも、これだけのことが把握できるのだ。施設側にも行政の目が入るという点で、それなりの緊張感をもたらし、改善する良い機会になる。両県がやっている程度のことは、他の自治体でもできるはずである。全国一斉に実施するためにも、動物愛護法の改正は待ったなしだと思う。

ちなみに登録・免許制を敷いている米国では、動物福祉に基づき、USDA（農務省）の「アニマルケア・インスペクター」が動物実験施設に査察を行っている。査察には①新たに免許の申請をしている施設に対して、政府の基準を満たしているかどうかを見る②毎年一回、登録施設に対して抜き打ちで行う③市民からの通報、告発に基づいて行う、の三種類がある。

年一回の査察の内容は、建物、記録、飼育状況、動物が人道的な扱いを受けているかどうかを見るために獣医学的ケアの方法など。査察で指摘された事項はUSDAのホームページに掲載されるので、だれでも読むことができる。査察リポートのサイトを見ると、「農業研究施設、繁殖業者、輸送業者、販売業者、展示業者、連邦研究施設、研究機関」など施設種類別に全ての州で指摘事項を検索することができる。

試しにスタンフォード大学を検索してみたところ、通常の査察結果で「CRITICAL」（重大）とあった。報告内容は「サルの頭が間違った方法で熱ランプを当てられていたため、左の目と耳に重度のやけどを負っていた。獣医師らは事態に素早く対処し、適切な治療を続けている。全ての動物は精神的外傷、過度な暖房・冷房、行動上のストレス、身体的暴力、不必要な不快感などを与えないよう注意深く、迅速に扱われるべきである。このサルのやけどは、不十分な設備と技術、そして動物に照明を近づけすぎたために起きた。施設は事故の再発防止措置を取り、熱ランプについては注意書きが付けられた」などと記されていた。

同大の動物実験委員会についての指摘もあった。「頭部の手術などを含むハムスター五〇〇匹の実験計画は動物実験委員会の審査を通っていたが、実験では予期しないほどの多くのハムスターが死んだ。さらに外科医として参加していた人物は動物実験委の承認を受けていなかったことが記録から分かった」とあった。

こういう査察結果の説明を読むと、届け出制すらない日本との違いに愕然とくる。こうしたシステムがあったからこそ、新日本科学の米子会社のサル虐待の問題などが明るみになったのではないだろうか。米国の動物福祉法では動物実験の大半を占めるマウスとラットが除外されている点を勘案しても、何もない日本に比べれば進んでいる。査察は日本でも絶対必要である。

追記②

実験動物の規制入らず、次回の検討課題に――動愛法改正

二〇一九年六月、動物愛護管理法が七年ぶりに改正された。販売用の犬猫へのマイクロチップの装着義務、販売を始める時期の生後四九日から同五六日への変更（天然記念物指定の日本犬は除外）、動物虐待の厳罰化など多くの改正があったが、実験動物については関係業界と医系議員らの反対が根強く、前回と同様に何も変わらなかった。

改正前年の一八年一二月、超党派の「犬猫の殺処分ゼロをめざす動物愛護議員連盟」（犬猫殺処分ゼロ議連）の動物愛護改正法の骨子案には、動物実験施設を愛護動物と同じように動物取扱業に含めて登録させることは「今後の検討課題」とされ、３Ｒ（代替法の利用、使用数の削減、苦痛の軽減）の義務化だけが入った。ただし、「義務化」といっても理念にすぎず、具体的な規則があるわけでもない。また苦痛軽減は現行法でも義務になっているが、第四章「痛みは軽減されているのか」で説明したように、安全性試験では原則鎮痛薬は使われないし、調査がないので実態は不明である。

翌一九年に入ると、猛烈な業界の反撃が始まった。三月二六日、動物実験に関係する大学、企業、研究所などで作る動物実験関係者連絡協議会（動連協）は、動物実験に関する法改正に反対する趣旨

の要望書を発表。動連協のホームページに掲載されている要望書によると、「法律の（3Rの理念を定めた）第四一条は改正せず、現行の各種規制の下で機関管理制度をさらに発展・充実させることを希望します」と求め、その理由として、「3R原則に基づく機関管理制度により研究計画の認否に関する審査が動物実験委員会で行われており、科学的利用の目的と動物愛護のバランスが適切に配慮され、大きな問題は発生していない」などと主張。賛同数は四月二六日時点で一一〇団体に上り、国立大学協会、日本薬理学会、日本病理学会、日本獣医学会、日本ハンセン病学会、日本栄養・食糧学会などあらゆる分野にわたっていた。

山中伸弥教授の「危惧」が国会で

この要望書が動連協のサイトにアップされる二週間前の三月一二日、立憲民主党の吉田統彦議員が衆議院厚生労働委員会で根本匠厚生労働大臣に対し、京都大の山中伸弥教授のコメントを引用して、3R義務化に反対する質問をした。

発言内容は「二〇一二年のノーベル医学・生理学賞受賞者である山中伸弥教授は、今回の動物愛護法の改正草案をごらんになったそうです。科学研究者が、前回改正の際の、例えば参議院厚生労働委員会における付帯決議七の3Rの実効性強化などを起草した部分などをはじめとして、厳格に順守をしてきた。ただ、そういうことが全く評価されていない。この草案がそのまま成立した場合、自身の今後の研究の遂行に大きくかかわる可能性があると危惧していらっしゃると仄聞《そくぶん》いたしております。（中略）だから、やはり厚生労働省としては、なるべく減らしたほうがいいですが、研究開発に必要な適正な動物実験というのは、やはり適正数必要である。そのようにお考えだと考えてよろしいでしょうか、大臣」と質問した。

これに対し、根本厚労相は「必要なのは、動物愛護の推進と、一方で、安全かつ有効な医薬品などを求める患者の期待に応える、これも重要ですから、私はその研究開発に支障が出ないように、これはバランスに配慮した議論を望みたいと思っております」と答えた。

私は吉田議員に取材を申し込んだが、吉田議員は四月四日に書面で回答してきた。そこには私が一二年改正時に口頭で聞いた「ゴキブリ」発言が繰り返されていた。「冒頭で申し上げたいことが、私吉田統彦は意図的には蚊も殺さないし、ゴキブリも殺しません、かつて医師としてガーナで医療ボランティアを行った際も黄熱病を媒介するハマダラカすら殺さず、ハマダラカの生きる権利を侵害せず、我が身を避けていた人間であり、動物愛護法の厳格化自体には大賛成であります」（原文ママ）。

山中教授のコメントを誰から受け取ったのか、という私の質問に対して、「民間人を介して間接的にお尋ねし、ご発言の引用の許可を得ています」と回答。

「3Rを順守してきたのであれば、犬猫殺処分ゼロ議連の改正骨子案の通りになっても何の差しさわりもないと思いますが、吉田議員はどのような問題があるとお考えですか」などの質問に対し、吉田議員は以下のように答えた。

「3Rの徹底、iPS細胞を含めより多くの代替方法で動物実験を減らす努力をするのは至極当然でありますが、その時代時代でまた局面ごとに必要とされる動物実験はその質も数も変わってきます。それを踏まえれば、私は大多数の日本国民が医学生理学部門を含む科学技術イノベーションの発展をもはや望まない、またその恩恵を受けるつもりはない、例えば新しい医薬品、医療機器、治療そして普段の生活における様々な科学合成品（原文ママ）は不要と考えるなら（これは全て動物実験が必要です）、義務付ける必要があると思いますが、そうでないのであれば（恩恵を受けたいと思うのならば）、義務付けるのではなく、配慮で十分かつ妥当だと考えます。が、それは国民の皆様が決めることです」などと回答。3Rの義務化を導入すれば科学技術や医学の発展が滞るぞ、そうなってもいいのか、という脅しに近いような論理の飛躍を感じた。

私は山中教授にも書面で、吉田議員が国会で引用した教授の意見の真偽と、「先生が京都大学で3Rの遵守を厳格にされてきたのであれば、骨子案の通りにすることは何ら支障がないように思いますが、『研究の遂行に大きく関わる可能性があると危惧する』とはどういう意味でしょうか」などと質問した。

これに対し、京都大iPS細胞研究所の国際広報課から三月二八日に返信があり、山中教授の考え方として「研究者は教育訓練を受け、動物実験に関する法令や大学の規定を順守しております。私たち研究者も動物実験をできる限り削減したいという思いを強く持っており、引き続き3Rの原則を順守することは当然のことであります。動物愛護法の改正にあたっては、動物実験の必要性を明確にした上で議論していただくことを要望します」などとあった。

「法規制強化は気分的にやりにくくなる」

三月一五日、私は犬猫殺処分ゼロ議連プロジェクトチームのヒアリングに呼ばれ、東京・永田町の衆院第二議員会館で、犬や牛など獣医大の実験動物の飼育実態、代替法の現状などについて、議員、環境・文科・厚労省の担当者に説明した。

動物実験施設関係側からは、日本実験動物医学会理事の下田耕治・慶応義塾大医学部動物実験センター長と久和茂東京大大学院教授が出席。下田氏は動物愛護法の3Rが定められた第四一条の記述は「現行のままとする」ことなどを要望。その理由として、日本実験動物学会による外部検証事業で、四〇八機関中二一三機関、つまり五二％の大学などの検証が済み、「大規模施設は一〇〇％適正であると確認された。未検証の数は多いけれども、小規模機関で動物の数は少ない」などと説明。「環境省の動物愛護部会の論点整理で実験動物領域について問題点は指摘されていない。そもそも実験動物関係について改正する理由はまったくない」とし、最後に『改正された場合、自分自身の研究の推進に悪影響が出る』とする「山中京都大教授のご意見」を紹介した。

発表後、議員と議連のアドバイザリー・ボードの関係者から次々に省庁と下田氏らに質問がなされ、現状追認、規制強化反対という本音が出てきた。

まず私が指摘した、一日中短い鎖でつなぎっぱなしの実験牛の飼い方について、議員から説明を求められた文科省担当者は「動物実験計画を個々の大学で審査される際に判断されることであって、一律にこういう飼い方がだめだとかを文科省から申し上げることは難しいと認識しています」、環境省の長田啓動物愛護管理室長は「必ずしも一律につなぎ飼いそのものを否定するものではありません」と述べ、改善する気がないことが改めて伝わってきた。

アドバイザリーの一人である島昭宏・東京弁護士会公害環境委員会動物部会長は下田氏に「個人的に実験動物の分野は最も遅れており、届け出制、登録制を当然実現するべきだと考えております。日本は（動物実験に関する条文は）動物愛護法四一条しかないわけですから、国際的に非常に遅れているのか、外部検証は十分な成果があったのか、３Ｒ義務化でどういう不都合があるのでしょうか」と質問した。

下田氏は法規制について「各国には動物の愛護と科学上の利用が分かれている法律がけっこうありまして、日本は（３Ｒのうち苦痛軽減だけを義務にし、代替法と削減は配慮義務と決めた）二〇〇六年体制でやっていこうということで、我々は政府がやる告示にのっとって適正にやるという方針です」と述べた。外部検証の成果は「指摘は多々あり、各研究機関がホームページに載せております。制度的に機関内規定が未熟なところもあります。（森記者が見せた）日本獣医生命大学の犬舎は私が（外部検証で）行ったのですが、小さいので、もっと大きなものにしなさいということは述べたのですが……。飼養保管施設の改善点については、内部でずけずけと具体的なことを言っています」などと発言。

規制導入については、「二〇〇六年体制できちんと皆さん動いている。その動いているときに、われわれとしては法規制で強化される、気分的にはやりにくくなる、ということで悪影響になる」と述べた。

「実験動物の飼養保管、苦痛軽減の基準が守られているかどうか、どのように確認しているのか」（太田匡彦朝日新聞記者）に対し、環境省は「基準はこれ自体が守られているかどうか、直接的に確認する法的な仕組みはないです」と答えた。

太田記者はさらに「実験動物について法改正する必要は全くないと言っておられるが、日本全国すべての動物実験施設ではなくて、皆さんが把握している一部についてだけ言えるが、なぜすべての施設についてそういうことが言えるのですか」と質問。久和氏は「調べているところがない、と言っているのではなくて、ほとんどのところは、だいたい把握されていて問題はない」などと反論した。

そして三月二五日、つまり動連協のＨＰの要望書公表の前日に犬猫殺処分ゼロ議連の骨子案から３Ｒ義務化の文章が削られた。

ところで、山中京都大教授の意見を吉田議員に伝えた「民間人」について、私は動物実験関係者から「浦野徹氏（動連協理事、日本実験動物学会理事長、生理学研究所特任教授）と聞いている」という情報を得た。確認するために一九年一一月に開かれた環境省の動物愛護部会でヒアリング関係者として出席した浦野氏に「先生が山中教授に会いに京都大まで行かれて、吉田議員に伝えたという話を聞きましたが？」と聞くと、浦野氏は「ノーコメント」と答えた。

七年前の前回動物愛護法改正時と同じように、浦野氏ら動連協を中心とした業界と医系議員の強い協力体制は今回も規制阻止に成功したようである。ただし、動物実験の条項改正に対しては吉田議員だけでなく、元々与野党問わず極めて消極的だった。殺処分ゼロ議連の中には法規制の必要性を理解している議員がある程度いるため、関係愛護団体のヒアリングは行われたが、動物実験と産業動物に関してはたった三〇分だけしか許されないなど、議連全体からは終始「（動物実験には）できるだけ触れたくない」という雰囲気を感じた。

犬猫殺処分ゼロ議連の法改正ワーキングチーム座長の牧原秀樹衆院議員は改正骨子案を発表した一八年一二月当時、３Ｒ義務化を盛り込んだことに自信を見せていた。しかし一九年三月に「３Ｒが落とされそうだと聞いていますが」と質問すると、「いろんな所、すべての所から聞いているわけじゃなかった」などと歯切れが悪くなった。

動物実験の規制に関して一八年八月、自民党どうぶつ愛護議連幹事長の山際大志郎衆院議員に取材を申し込んだが、返事はなかった。一九年四月二五日。自民党本部で開かれた同議連の総会後、足早に去ろうとする山際議員を追っかけ、「なぜ私の質問に答えてくださらないのでしょうか」と聞くと、「僕自身が何か言うと、関係団体の皆さんに影響与えるでしょ。ちゃんと関係団体の方々の意見を聞くことが大事だと言っているんです」とだけ言って、迎車に乗り込んだ。

骨子案から削除された３Ｒは法律の附則に今後の検討課題として入った。が、この附則さえ嫌がる業界の意向を受けた議員が与野党の中におり、最後まで気を抜けなかったが、どうにか附則には残った。

五月二一日、衆院第二議員会館に集まったのは、いずれも自民党の尾辻秀久参院議員（超党派議連の会長）、鴨下一郎衆院議員（自民どうぶつ議連会長）、山際衆院議員（自民どうぶつ議連幹事長）、牧原衆院議員（超党派議連の法改正ワーキングチーム座長）。この四人が会談し、ペットの動物取扱業者への規制強化などについて基本合意があった。その後の報道陣からの質疑で、私は3R義務化が落ちた理由を尋ねたところ、牧原議員は「今努力義務になっていて、前回の法改正の趣旨を大きく逸脱したとか、関係者の皆さまがそれはないいんじゃないかと。われわれ精いっぱい努力したので、それが足りないというなら教えてもらってやるんだけれども、それがいきなり義務になるのは……と。大変ご懸念される事実もない、ということで判断しました」などと説明。

私が「『ご懸念される事実はない』とは具体的にどういうことですか」とさらに聞くと、「例えば虐待とか、自分たちが何かすごく守っていない社会問題化するようなことがないじゃないかと、関係者の皆様がご主張されている」と牧原議員。他の記者の「政治判断として決めたのか」との質問に対し、尾辻議員は「まあ、そういう風に言えば、今度の答えの出し方は基本のところになるから。よろずそうしましたから、ということです」と答えた。

六月一二日、改正動物愛護法は参院本会議で可決、成立した。動物実験の規制強化は何も入らなかったが、附則に今後の検討課題が入った。附則第八条には、実験動物施設の飼育、保管の状況を勘案し、動物取扱業者に追加すること、動物の適正な飼育、保管のための施策の在り方について検討し、必要があると認めるときは、「所要の措置を講ずるものとする」、第九条には３Ｒについて検討を加え、必要性があるときは、「所要の措置を講ずるものとする」などと定められている。附則に実験動物施設と動物実験に関して次回の検討課題と明記されたことは初めてであり、一歩前進した。国と関連する業界は、実験動物と動物実験をめぐる問題点をあぶりだし、登録制や３Ｒ義務化に真摯に向き合うことが求められる。

補　章　ニホンザル二〇〇匹の行先は？

実験用供給が終わった鹿児島のサル

人間に近い脳、神経系を持つサルは、アルツハイマー病、脳血管障害、精神疾患、発達障害、中枢・末梢神経の損傷など幅広い病気の発症メカニズムの解明と治療法開発のために実験で使われている。

実験サルの中でも、特にニホンザルは訓練により複雑な認知力に関する課題を行うことができるとされ、脳研究に使われている。ニホンザルについては、一八年前から国の補助金で京都大学霊長類研究所（以下霊長研、愛知県犬山市）と自然科学研究機構生理学研究所（以下生理研、同岡崎市）で繁殖し、希望する研究機関に子ザルを供給してきた。しかし当初の予想より需要が大幅に減少し、繁殖母群の親ザル約二〇〇匹が余り、今後の扱いが検討されている。私は、社会性が高いサルに適切な終生飼育場所が見つかるのか、その行方が気になっている。

実験用ニホンザルの供給は、文部科学省が二〇〇二年に始めたライフサイエンス推進のために動植物の研究材料を提供するナショナルバイオリソースプロジェクト（NBRP）の中の一事業。NBRPではサル以外に、マウス、ラット、ニワトリ、魚、カエル、虫、植物などを扱っている。文科省が国立研究開発法人日本医療研究開発機構（AMED）に補助金を出し、AMEDから各実施機関に交付する仕組みになっている。

霊長研（代表機関）と生理研（分担機関）はNBRPニホンザルの実施機関として事業を始めるに当たり、実験用の子ザルを産ませるために、各地の動物園、野猿公苑などのニホンザルを母群として導入した。

NBRPニホンザルは現在、第四期（一七〜二一年度）目。年間の補助金は、私が京都大に情報公開請求したAMEDの採択決定書（一七年度）によると、一億七〇〇〇万円となっており、これを霊長研と生理研で分ける形になっている。

一五年度のNBRP成果報告書によると、生理研の事業概要として、「年間八〇〜九〇頭を生産して七〇頭を出荷する体制への移行について検討する」「研究用動物として、最大八〇頭（三歳六〇頭、二歳二〇頭）を出荷する」とあった。さらに「七〇頭を出荷する体制へ移行するために、平成二五（一三）年度末から繁殖事業を京都大学霊長類研究所のみとした」「生理学研究所繁殖コロニーにおける飼育管理の改善策を検討した」とあった。

野生ザルの違法飼育、不適切譲渡が発覚

そもそも国が実験用サル提供事業を始めた背景には何があったのか。二〇〇〇年代初めごろまでは、動物園で増えすぎたサル、駆除のために捕獲された野生ザルは実験用に大学など研究機関に譲渡されるのが一般的だったが、不適切な譲り渡し、業者による違法で劣悪な捕獲ザルの飼育実態などが発覚し、批判が強まったことがある。[注1]

一九九九年八月二七日の西日本新聞は「大分市の高崎山自然動物園が同市などの委託を受け、有害鳥獣として動物園外で捕獲したサルを実験動物として大分医大に無償で譲り渡していたのに、大分県には『園内に放した』と虚偽の報告をしていたことが分かった。関係者によると、譲渡されたサルは年間一五〇匹に上るとみられる」などと報じた。朝日新聞によると、「九四～九六年分は鳥獣保護法に定めた捕獲許可さえ取っていなかった」としている。

二〇〇〇年一二月二四日の朝日新聞は、「脳の仕組みや脳神経の働きを研究している大阪大学大学院、金沢大学医学部、東京都神経科学総合研究所などの研究者が、無許可でニホンザルを飼育している複数の業者からサルを購入し実験動物として使用していることが朝日新聞社の調べで分かった。業者は、市町村が有害駆除目的で捕獲した野生のニホンザルを引き取ったり市町村の委託で自ら捕獲したりして山中で劣悪な環境の中、無許可飼育を続けていた。環境省は『営利目的の業者が介在するこ

とで不要な捕獲や違法捕獲を招きかねない』と事態を重視、実態調査に乗り出す方針を固めた。研究機関にサルを供給する密売ルートが明らかになったのは初めて」などと報道した。

さて、捕獲されたサルの実験利用には、野生サルの生態を研究する霊長類学者から「不要な駆除を助長する」という批判もあった。渡辺邦夫・元霊長研教授（霊長類社会生態学）は「四〇、五〇年前に福井県で餌付けされたサルの群れを観察していたのですが、あるとき大半が捕獲された。六〇～七〇匹のうち、四〇～五〇匹がいなくなった。「あれ、昨日サルはあんなにいたのに、今日はいない」ということは当時、各地でたびたび起こり、実験用に引き取られていきました」と振り返る。「（自治体側は）捕獲したサルを殺したくないという気持ちがあり、当時は動物園や大学の引き取りはどこもありがたかったのです。大学側もサルをただで使えるし、持ちつ持たれつの関係。私は実験用のサルは繁殖するべきだと思うし、それが国際標準になっています」

実験用サルの繁殖に転換

第九次鳥獣保護事業計画（〇二～〇七年度）では、野生動物の捕獲の許可を申請する際に捕まえた後の処理方法を明らかにしなければならなくなり、捕獲したサルを実験に使うことが実質的に禁じられた。日本生理学会、日本神経科学学会、日本霊長類学会は前年の〇一年六月、文科省と日本学術会議に実験に使うサルの繁殖施設の設置を求める要望書を提出していた。

このような背景の下、〇二年度にスタートしたNBRPのサルプロジェクトは当初「年間三〇〇匹の供給をめざす」（〇三年七月二三日朝日新聞）としていた。しかしNBRPによると、実際の提供数は〇六〜一八年度の一三年間で、多い年でも九六匹（一八年度）と、試行した〇六年度を除き最も少ない年で二五匹（一〇年度）、年間平均は約六六匹にとどまっている。販売総数は計八〇三匹で三四の大学、研究機関に提供した。

販売数が減少し、一四年度から生理研の委託先である奄美野生動物研究所（鹿児島県龍郷町）での繁殖は中止され、一九年度から生理研からのサル供給事業は終わり、現在は霊長研だけで販売している。

私は、新型コロナウイルス感染拡大中の二〇年三月一五日、NBRPニホンザル発足時の〇二年度から一五年度まで生理研の課題管理者を務めた伊佐正・現京都大大学院教授（神経生物学）に、ニホンザル繁殖体制が始まった背景について、オンライン取材を行った。

伊佐教授はニホンザルの繁殖が始まった主な理由として、一部業者の捕獲ザルの違法な販売疑惑、野生ザルのBウイルス感染の恐れ、そして生態研究者による動きを挙げた。

Bウイルスに関しては、伊佐教授らが「霊長類研究」（一七年）に寄稿している「ナショナルバイオリソースプロジェクト『ニホンザル』の現状と課題」によると、「米国を中心に一九九〇年代後半から、（アジア地域原産の）マカクザルのBウイルスが人に感染すると致死的な脳炎を引き起こすと問題になった。ニホンザルにおいても三割強がBウイルス陽性であることがわかり、脳科学研究者から出自が明確で安全な個体を安定供給してほしいという希望が高まった」とある。注2

伊佐教授はサル捕獲をめぐる、実験系と生態研究系の研究者との間にあつれきについて、「当時は捕獲されたサルの有効活用として、研究者に無償で譲渡されていました。一方で、生態研究者は『捕獲は計画的・適正に行われているのか、研究者に渡すという免罪符があるから余計に捕っている可能性があるのではないか』などと問題視し、（実験用）譲渡をやめてほしいと環境省への働きかけもありました」と語った。

野生のサルが実験に使えなくなった第九次鳥獣保護事業計画のことは「二〇〇〇年ぐらいに環境省からいきなり知らされ、実験系の研究者は動転し、怒っていた先生もいた。そこで霊長研で実験系と生態系の研究者が話し合った。中々かみ合わなかったのですが、当時は国際的にBウイルスなどの問題もあり、野生動物をいつまでも使い続けるのはいかがなものかという考え方が出てきた。私は繁殖するほうが丸く収まるだろうし、将来的に向かうべき方向だと思った。ただし、繁殖の体制を作るには費用がかかり、研究者は資金に乏しかったので、私の一～二世代上の先生は『繁殖体制なんて夢のまた夢だから、お前たち野生ザルを使い続けられるようがんばらなきゃだめだ』と言われる方もいました」。そうこうしているうちにNBRP設立の計画が出てきて、「サルを加えて頂いた」

NBRPのニホンザル供給が、当初見込んでいた年間三〇〇匹に比べ、現実には平均七〇匹未満にとどまった理由に関しては、「中々思ったほどどんどん売れなかった。ただし、たくさん繁殖できてサルが余ったということはなかったのです」と伊佐教授は強調する。

プロジェクト開始時に必要な数を知るため、各地の研究機関にアンケートを取ったところ、「直近三年間で合計九〇〇匹程度と出たので、年間三〇〇頭ぐらい必要かなと思いました。ただし、サルの繁殖体制を確立するのは簡単ではなかった。カニクイザル、アカゲザルは年中繁殖しますが、ニホンザルは季節性がはっきりしている。ネズミのように雄と雌を一緒にすると必ず生まれるわけではなく、ある程度相手の好みもあるので、試行錯誤を重ね、一定のペースでの供給体制ができるまでかなり時間を要した。数年間サルが手に入らない状況がありました」

サルの「品薄」状態の間、一匹を長期間使うようになった。「いろんなデータを一匹から取るようになった。そして実験方法もどんどん高度化していった。以前はサルに非常に単純なことをやらせてデータを取る、たくさんのサルで薬の効果を試すなど、解剖学的なことをしていましたが、実験のスタイルが変わった。サルを長い間実験環境に慣らして、いろんな難しいタスク（作業）をさせるようになり、一匹にかかる時間と手間が増えた。そういう方法でないと、中々国際的なレベルの仕事にならないのです」

またＮＢＲＰのサルは一匹三〇万円程度するため、「以前はただ同然で捕獲サルが手に入ったのに、なけなしの研究費から出さないといけなくなった」ことも需要が減った理由の一つとする。

繁殖施設を霊長研と奄美野生動物研究所の二ヵ所にしたのは、「感染事故のリスクを考えたから」。しかし、その後「ＮＢＲＰ全体の予算が縮小していく中で、一時的にニホンザルの消費が落ち込んだ時期があり、文科省から下方修正した数字も達成できていないのではないか、一ヵ所に繁殖場を集約してはどうか、と提案があった。納得できないところもありましたが、受け入れざるを得なかった。なんとか生理研に繁殖する場所を確保しようと駆け回ったけれども難しかった」と伊佐教授は述べた。

ニホンザル飼育施設を見学

私はサル二〇〇匹についての検討状況を聞くため、現NBRP責任者の中村克樹霊長研教授に取材を申し込み、一九年二月に同研究所を訪ねた。

中村教授は「生理研で委員会を立ち上げて検討しているところです。私は委員じゃないので詳細は分かりません。あらゆる可能性を検討されるのではないかと思いますね。実際どう扱っていいかというところに頭を悩ましているんだと思いますよ。そうでなかったら、もう結論を出していると思うので」と述べたが、具体的には語らなかった。

取材の後、霊長研のニホンザル飼育施設を見学した。事前に求められていた自分の胸部X線の診断結果と、麻疹のワクチン接種の証明書を提出した。飼育場所は、愛知県岡崎市にある研究所の本キャンパスから東に一キロの善師野《ぜんしの》地区にある約一〇ヘクタールの土地。まず目に入ったのは、動物園にあるような大きな檻がいくつか並んでおり、中に数匹づつ入っていた。ストレス解消のためにかじる遊具もいくつか鉄柵などにくくりつけてあった。ぼお〜とこちらを見つめているサルはいたが、歯をカチカチ鳴らすような威嚇行動はしない。

あちこちから「キェ!」「グワッ! グワッ!」「クワクワクワッ!」という鳴き声や、柵をガシャーン、ガシャーンと揺らす音が聞こえてくる。檻の大きさは欧州の基準に沿ったものという。中村教授は「欧米でもこういう飼い方をしており、手前が運動場、奥が部屋になっています。大きいサルは（外部から）導入されたもの、小さいサルはここで生まれました」などと説明してくれた。子ザルばかり集めた育成群の檻、繁殖させるために雄一匹に雌三、四匹という具合にハーレム方式になっている檻などがあり、繁殖方法は人工授精ではなく、自然妊娠に任せているという。

大型ケージ以外に、山の斜面と広い児童公園のような敷地内に多くのサルが放し飼いされていた。山の斜面にはサルが縦横無尽に動き回っているのが見えた。左側半分がほとんど木がない「はげ山」状態だったが、これはサルが木の皮を食べるためで、一年置きにサルを片側に移動させて、木を再生させているという。一方の公園のような敷地にはジャングルジムのような遊具もあり、こちらもサルが自由に動き回っていた。山や広場の周りは強固なフェンス、電柵などがそびえ立ち、外部からの侵入もサルの脱出も不可能な構造になっていた。

個体識別はマイクロチップ装着と、顔に入れ墨を入れる方法の「ダブルで」やっているという。実験用に子ザルを捕まえるときは、「長年の経験で、えさで釣ってという感じです」と中村教授。けんかでけがをしたときは、「人が山に登っていって、サルの世話をしないといけない、相当な重労働です。こんなことを民間に頼んだらいくらかかるか分からないですよ。スタッフは非常にかわいがっている。世界でこんな飼い方をしているのはここだけ。全部こんな風に（放し飼いで）飼いたいですが、カバーしきれないです。儲けにはならないですね。儲けようとしたら、一頭三〇〇万円とか四〇〇万円になる。サルでないとできない研究があると思っているので、人間に近い種で調べないと分からないことがいっぱいあるんですよね。サルを増やすのも大変で、国がサポートして維持することをちゃんとやってほしいなあと思います」と中村教授。

サルを研究機関に供給するときには、大学によっては小さいケージしかない所もあるが、中村教授は「NBRPで供給する場合は、研究機関側に新しい米国のガイドラインに沿ったケージに買い替えてもらっています」と述べた。「一匹以上で飼うことを求めていますか」との問いには、「そこまではできてませんが、それを目指して……」と答えた。

奄美野生動物研究所で余剰の母群のサルをこの霊長類研に移動させられないかと聞くと、中村教授は「それは難しい。あちらにはここにはない病原微生物があることが分かっている。こちらに持ってきて、霊長研のサルが全滅するようなことがあってはならない。こちらの群れに新しいサルを一匹入れたら、なぶり殺しにされる可能性もある。山もあれだけ木がなくなって、収容能力も限界です」と話した。

見学した限り、霊長研のニホンザルの母群の飼育状況は、サルにとっては十分ではないかもしれないが、日本の中ではかなり環境エンリッチメントが重視されていると感じた。子ザルも群れから引き離され、実験用に出荷されるまでは平穏に暮らしているようだった。

もう一方の国の補助を受けている生理研の委託飼育先の奄美野生動物研究所の飼育方法はどうなのか、そして肝心の余剰ニホンザルの行先をどうするのか——。

鹿児島に残る一九五匹

生理研と奄美野生動物研究所の契約関係については、インターネットで検索すると、一五年～一八年に「契約件名＝生理学研究所ニホンザル飼養保管業務、発注者＝自然科学研究機構、契約の相手方＝株式会社奄美野生動物研究所、契約金額七七二八万三二二六円（一八年）」などといずれも三月末に契約が結ばれていた。

ネットで公開されているにも関わらず、生理研も国も「民間企業」であることを理由に、委託先が奄美野生動物研究所であることを認めようとしなかった。ようやく国が認めたのは、一九年五月一〇日の衆議院環境委員会で、小宮山泰子衆院議員（国民民主）が生理研の委託先が奄美野生動物研究所であるかどうか質問したとき。文科省の増子宏審議官は「議員ご指摘の民間企業であるというふうに承知しているところでございます」と答えた。小宮山議員が実験用に供給されなくなったニホンザルの扱いについて尋ねると、増子審議官は「生理学研究所が取り扱っております残りのニホンザル、一八年度末で一九五頭残っております。（中略）具体的には、飼養保管の継続、あるいは他施設への移動の可能性などを含めまして検討しているものと承知しているところでございます」と述べた。

奄美野生動物研究所の会社登記簿を取り寄せたところ、会社設立は「〇七年二月」、資本金は「二〇〇〇万円」、事業内容は「医学実験用ニホンザルの飼育繁殖及び販売」「医学薬学に関連する動物実験の受託」などとあった。

五月一六日に生理研に取材を申し込んだところ、対面取材は応じないということだったので、奄美野生動物研究所にいるニホンザルの頭数、飼育方法、動物園などからの親ザル導入がいつまで続いていたのか、今後のサルの扱いなどについて質問書を送った。

五月二八日に回答があり、飼育数は「一九年三月三一日現在で外部委託施設における繁殖（母）群は一八六頭、育成群（子ザル）は九頭」、ケージの大きさは環境省の実験動物の飼養保管基準と苦痛軽減基準を順守し、米国Ｎａｔｉｏｎａｌ Ｒｅｓｅａｒｃｈ Ｃｏｕｎｃｉｌの推奨値（国立アカデミー実験動物のケアと使用指針）を満たしている」と答えた。動物園などからのサル導入は〇四年度に停止し、奄美野生動物研究所にいる獣医師の業務は「獣医学的管理」とした。

しかし、これ以上繁殖させない方法、これまで動物園などから総計何匹を連れてきたのか、今後のサルの扱いについては、「研究に関することなので公表いたしておりません」「現在、生理学研究所母群検討委員会において、科学的観点、社会的観点等から慎重に検討して頂いているところでございます」などとして回答しなかった。

情報公開請求したがほとんど黒塗り

私は一九年三月四日、生理研の母群サルの扱いに関する検討状況を知るため、生理研を運営する自

実験用の供給が中止されたニホンザルの終生飼育についての検討記録資料。情報開示請求したが、ほとんど黒塗りだった。

然科学研究機構（東京都港区）にＮＢＲＰニホンザルに関する「終生飼養保管施設ワーキンググループ」「生理学研究所母群検討委員会」、民間委託先（奄美野生動物研究所）のサルの扱いに関する検討を行った際の議事録と当日配布資料の情報公開請求を行った。

生理研は情報公開の決定期限である四月四日を三〇日間延長し、四月二五日に「部分開示決定」の通知書、六月六日にほとんどが黒塗りの一部だけ開示された資料が届いた。

それによると、一六年五月一六日の第一回目終生飼養保管施設ワーキンググループ（ＷＧ）は霊長研で開かれ、出席者は生理研、霊長研、「オブザーバー」とあったが、名前はすべて黒塗り。資料の「概要」には「生理研外部委託施設」（奄美野生動物研究所を指すと思われる）にいるサルについて現段階での構想が記され、添付の「生理研外部委託施設繁殖母群」の写真と推定される資料は黒塗りだった。自然科学研究機構は、部分開示の理由について、独立行政法人等の保有する情報公開法に基づき、開示することで委員が外部からの圧力や干渉などにより、「事務または事業の適正な遂行に支障を及ぼす恐れがある」「率直な意見の交換もしくは意思決定の中立性が不当に損なわれる恐れがあるため」などとした。

以下に開示された概要から一部を抜粋してみた。

「生理研外部委託施設で飼育されている二一〇頭（雄七九頭、雌一三一頭、二〇一六年二月末）の繁殖母群は（黒塗り）動物園等から導入されました。今後は母群としての役目を終えた生理研外部委託施設の繁殖母群を管理しやすく、現状のグループケージでの飼育よりもコストをかけずに飼育できるように、ニホンザル終生飼養保管施設を設置することが喫緊の課題となっています。条件として、動物園のような、いわゆるサル山のような集団飼育が可能かどうかを模索したいと考えています。サルの特性を考えると容易ではないことは承知しています。サルたちのエンリッチメントが配慮され、外界とは隔離された環境が必要です。現時点での終生飼養保管施設の候補地は未定です。終生飼養保管施設の設置および維持にかかる費用については別途予算をつけて頂くよう、文部科学省やＡＭＥＤにも働きかけてまいりたいと考えています。

それとともに、もし可能であれば、この終生飼養保管施設においては、後述のように老齢ニホンザルに対する非侵襲的な研究、ニホンザルに関する教育研究への貢献、環境保護、野生動物保護などにも貢献するような、より有効な活用法も検討できればと思います」

さらに「個体を活用する可能性について」には「これら（繁殖母群二一〇頭）の年齢は一六〜一七歳に三〇％以上が分布し、二〇歳、二五歳にもピークが見られます。前者は〇二〜〇四年度に母群を形成した際に親ザルについてきた子ザルたちです。サルの寿命が二〇〜三〇歳であることを考えると、あと一〇年程度は、これらのサルが生存することが予想されます。これらの繁殖母群は、動物園などで繁殖されたものもありますが、野猿公苑などで頭数調整のために計画的に捕獲されたものも含まれています。

繁殖母群の利用は非侵襲的な利用に限定されると考えますが、非侵襲的脳機能計測や、死亡時のサンプル採取は可能かと思います。死後脳であれば脳切片の作製などは可能であり、老人班や神経原線維などの解析によって老化に伴う脳の変化を中心とした研究利用は、重要な結果をもたらしてくれるかもしれません。一方で薬剤の投与などはどの範囲で可能なのか？『非侵襲』の線引きをしっかりと行い、霊長類を研究対象とするコミュニティの賛同を得たいと思います」

第二回目の終生飼養保管WGは一六年九月二九日に開催され、「九月二六日文部科学省ライフサイエンス課訪問」とある。「候補地」は「現在は（黒塗り）の三つを候補として考えている」とあった。しかし、情報公開請求した議事メモ、「終生飼養保管施設に関する費用、長所、短所一覧表」の計一二枚は真っ黒だった。

生理研の母群検討委に関しては、一八年五月二三日の第二回の議事要旨に意見交換の結果として「母群は実験動物として分類される」「実験動物は、実験研究者や飼養保管要員との密接度が他の展示動物などの区分に比較して高く、[redacted]（黒塗り）のリスクマネジメントが必要であること」などとあった。

この他「生理学研究所NBRP母群検討の経過」「終生飼養保管施設候補検討一覧」「終生飼養保管施設候補所要見込額（五年間）」「同（二〇年間）」「母群導入担当者などからの聞き取り調査結果」「母群の取り扱いにかかわる調査状況並びに検討課題」、検討委員の所属機関などの資料約八〇枚はすべて真っ黒だった。

極めて限られた情報公開の結果から、サルの終生飼育期間は五年と二〇年の二パターンを想定していることなどがわずかにわかった。

ところで生理研のNBRPニホンザルの課題管理者は南部篤教授であり、これはホームページにもある。取材の回答書には通常、責任者の名前が記されているが、生理研の回答にはなかった。責任者名を記載するように生理研の研究力強化戦略室にお願いしたが、教えてくれなかった。

一九年八月一九日、東京都内でNBRPニホンザルの第一五回シンポジウム（霊長研・生理研主催）が開催され、霊長研、生理研、高知工科大の三人の研究者がニホンザルを使った脳科学などの研究成果を発表した。私は、生理研の南部教授に情報公開請求に対して大部分を非公開にした理由を尋ねたところ、南部教授は「今まで（過去の請求に対しても）やったことがないので難しい」と答えた。

ニホンザルの情報公開が一部に限られたことについて、私は七月一八日付で自然科学研究機構に異議申し立てを行った。主な理由として「公益目的の実験をするための動物の取り扱いを検討する委員会であるので、開示により外部からの圧力や干渉などによって意見交換、意思決定の中立性が不当に損なわれる恐れはない」「国の補助金でやっているので不開示は不当である」などを挙げた。

私の異議申し立て後、同機構は一〇月一六日、情報公開・個人情報保護審査会に諮問した。同審査会は、情報公開を求められた省庁、独立行政法人などと請求者の間で争いがある場合、専門的知識を持つ第三者の意見を聞いて解決する役割を担っている。私は一二月に審査会に以下のような趣旨の意見書を提出した。

「同機構と奄美野生動物研究所は、動物愛護管理法第七条の終生飼養保管義務を守るべきである。一九五匹のニホンザルが動物福祉、動物愛護、公衆衛生などの観点から寿命を全うするまで適切な環境で飼育されるのか、虐待など動物愛護法第四四条に違反する行為が起きないか、納税者である国民は同機構で検討されている内容を知る権利がある」「動物実験で不要になったニホンザルを適切に飼育するための費用を税金でどれくらい確保するのか、飼育先が確保できない場合に殺処分されないかなど、国民が懸念する情報は本来、責任者が記者発表をするなど積極的に社会に知らせるべきものであり、まして大半の情報公開請求を拒むのは説明責任を果たしていない」

一九年七月に奄美野生動物研究所にいるニホンザル母群の扱いについて、文部科学省の仙波秀志ライフサイエンス課長に質問したところ、研究対象にする案については、「老齢研究、脳機能研究などアイデアは出ている。ニホンザルは大型霊長類としての利点、十分な可能性がある。米国では老齢のネズミ、日本でも老齢ラットなどを実験用に提供している例がある。ただし、検討中のニホンザルの研究は全く侵襲がないわけではありません。老化研究なら一日一定時間、別の所に移して観察とか、MRA（電磁波を当てて脳血管の立体画像を撮る検査）で状態を見るなどあります。（鹿児島の）ニホンザルは既に親子・家族関係の集団を作っているので……」と話した。

他の施設へ移動することに関しては「動かすこともストレスになる。若いと適応能力がありますが、年齢との兼ね合いもある。ストレスに耐えられるかどうか、慎重に見極めないといけません。いろんな意味で奄美に近いところ。ただまったくストレスない方法はないので頭が痛い」

奄美野生動物研究所にそのまま置く案はあるのか問うと、仙波氏は「その選択肢はあると思いますよ。研究者がそこに通う。研究施設の増設は必要になってくるので、そういうことになれば受け入れ設備を作らないといけない」と答えた。

「殺すことは一切ないと考えていいですか」と聞くと、「うーん、分からない。中々難しいと思います。全部殺すことは常識的にできない」とした。

審査会への諮問から現在一年近くが経つが、答申はまだ出ていない。一九年に情報公開請求してから一年半経った。実験サル供給の方向性が変わり、動物園や野猿から引出されて今まで子を生むために二〇年近く飼育されてきたサルをどうするのか。前出の霊長研の中村教授、自然研の南部教授らによる「霊長類研究」（一七年）のNBRPニホンザルについては、今後の課題として「老齢になり繁殖をリタイアした繁殖母群の個体をどのように飼養し続けるか。（中略）また野生のニホンザルにも見られ、導入当初から繁殖母群の多くの個体が保有しているBウイルスは、一旦感染すると根治できない。しかし現在、大学や研究機関だけではなく多くの飼育施設でも陽性反応を示す個体は受け入れられない。こうした病原体に感染している個体をどのように扱うのかなど、非常に難しい問題がある」としている。鹿児島県の余剰サルだけでなく、高齢のサルとBウイルス保有サルの扱いという難題もあるようだ。中村教授は頭を抱えている様子だった。飼育施設探しなど難しい案件だからこそ、国民の理解と協力を得るために情報をオープンにして、広く知恵を募る必要があるのではないかと思う。

ニホンザルを使った実験

ところで、ニホンザルの実験について当事者に話を聞きたいと思っていた。前出の伊佐京都大大学院教授は、脳やせき髄を損傷した後の麻痺がリハビリで回復するメカニズムなどを明らかにしてきた研究者である。一六年にＮＰＯ法人動物実験の廃止を求める会（ＪＡＶＡ）が京都大医学部に霊長類を使った動物実験計画書の開示請求をしており、一部公開されたニホンザルの動物実験計画書は伊佐教授が責任者として出したものだった。

伊佐教授によると、同実験計画書は一四～一八年度の五年間、一億九五〇〇万円の科学研究費（科研費）を受けて行われた実験などの一部。研究目的として、脳梗塞、脊髄損傷などの後遺症で、手や指で細かい物を握ったり、操作できなくなったり障害が出た場合の機能回復についてサルの実験を行い、行動と神経活動への影響を解析する、などと記されている。一六年五月二七日に計画書が申請されており、実験実施期間は「一七年三月三一日」と約一〇カ月間にニホンザル二八匹を使用。ニホンザルの入手先は「ナショナルバイオリソース（ＮＢＲＰ）、他（黒塗り）」とあった。実験手法としては、▽吸入麻酔をしたサルの頭に頭部固定用ボルト、電極、眼球運動用記録アイコイルなどを取り付ける▽別の日にサルに第一次視覚野（眼で見たものの動き、傾き、奥行きなどの情報を処理する。脳の表面にある大脳皮質の一部）の吸引除去、別のサルに部分的脊髄損傷などの手術を行う▽サルに課題をやらせて脳の神経活動に関するデータを記録する、などとあった。

想定される苦痛のカテゴリーは「Ｄ」（脊椎動物を用い、回避できない重度のストレスまたは痛みを伴うと思われる実験）だった。実験を打ち切る目安は、摂食、摂水が困難な状態が数日続いたり、急激な体重減少などがあったり、鎮痛剤などでは軽減できないような苦痛が見られたりしたとき。安楽死は、ペントバルビタールの静脈内大量投与で死に至らせ、脳と脊髄を採取する。

ＪＡＶＡによると、開示請求で入手したサルの納品書などから、ＮＢＲＰのニホンザルは一匹「三二万五〇〇〇円」とあり、計八匹分が新たに購入したものだった。「残り二〇匹については、譲渡・繁殖証明書から推測すると、譲り受けたり、京都大で既に所有していたサルであったりしたことが考えられます」（和崎聖子事務局長）としている。

私は伊佐教授にこの実験についていくつか質問した。伊佐教授は実験の目的として、「感覚系、運動系など脳の機能が障害を受けてもリハビリで治ることがある。その理由は、脳の中の壊されていない場所ががんばって治そうとするから。サルの視覚野を破壊しても訓練すると意外に治る。脊髄を一部損傷しても、一時的麻痺は起きますが、訓練でかなりの機能が戻ります。脳やせき髄で残った回路がどう働き、回復するかはそんなに分かっていないので、調べている訳です」と説明。

さらに、「例えば視覚野がいったん無くなり、見えなくなっても、目からの情報にある程度反応できるという、非常に奇妙な盲視という現象があります。完全に意識していない場合もあるし、『何か感じる』という言い方をする人もいる。そういう無意識・意識的な過程を知りたい、という脳科学の学問としての興味もあります」と述べた。

安楽死の目安の「体重減少」などについては、「そういうことが頻繁に起こるということではなく、何か起きて実験をどの時点でやめるかは必ず計画書に書かなければいけないことなので。例えば、タスク（作業）が何もできなくなったとか。体重減少は、他の病気になってしまった場合ですね、ほとんどそういうことはないですが」とした。

実験のためにモンキーチェアに座らせる時間は「せいぜい二〜三時間」という。「サルが見えなくなったり、脊髄を損傷されたりしたら、うつっぽくならないのでしょうか」と聞くと、伊佐教授は「サルはうつにならない。サルは非常にモチベーションが高いから。人間が同じような障害を持つと悲観してしまいがちですが、サルは術後の翌日から立ち回って、えさをどんどん食べようとするし、タスクをやろうとします」と述べた。

サルを実験に使う理由については、「今、何百億円もかけたメガファーマ（大手製薬企業）による、いろんな精神神経系の創薬が臨床試験の段階でたくさんこけて、どんどん創薬の研究開発から撤退しているのはご存知ですか」と伊佐教授。

「これは結構深刻な話です。精神神経系創薬にリスクがある理由の一つは、疾患モデル動物としてネズミを使っているからです。肝臓、心臓などはネズミの組織と人の組織で、違う所もあるが、けっこう類似性はあります。しかし、脳や神経になると、どうしても行動や認知機能をどう評価するかが肝心です。

うつ病のネズミってどうやって判断するのか。うつ病、統合失調症など高次な精神機能になると、なかなかネズミのモデルだけでは厳しい。例えば、ネズミの大脳室の運動野を壊しても、ネズミはまだ歩きます。ところが、人が脳卒中で運動野が壊れると、足をひきずってしまう。ネズミは大脳より、脳幹やせき髄で運動のかなりの部分が制御されていますが、高等な霊長類になると、大脳がより大事になってきます」

そして、「ネズミの研究が重要であることは否定しませんが、ネズミだけで人の脳が分かるかというとNOです。かといって、サルで十分かというと、サルも人と一緒じゃないですよ。サルもあくまでモデルであって、最終的には人で治験をしないと分かりませんが、ネズミから人に行く前にサルを介することは必要だと思います」と強調した。

サルは一匹飼いしているという。伊佐教授に「一匹だけにすると寂しがりませんか」と尋ねると、「必ずしもいいとは思ってません。これは大問題で、できたら本当はペアで飼ったほうがいいなと。

国際的な動向として、なるべくサルは社会的な動物だから、ペアにして飼いましょうと。日本はもう少しちゃんと努力しないといけないと思ってます。ペア飼いは下手にやると片方がいじめることもあるので慎重にやらないといけない。欧州の人も一〇年、二〇年かけてやってきたので。僕は複数飼いができるように体制を変えていきたいと思ってますが、試行錯誤が必要かなと」と答えた。

最後に実験動物施設、動物実験の見学をお願いすると、「それは残念ながら……。感染事故もあるし。見たことがない人がいきなり見ると、やっぱりエモーショナルなことが先に立っちゃって、施設見学はいろんな意味で許可していないです。サル実験の見学はちょっと中々……、ステップがあるな。森さんのモチベーションも知りたいので……」と言われた。

確かに伊佐教授が言ったように、頭に電極を付けられたサルがモンキーチェアに拘束されて作業をさせられている実験を見たら、大きなショックを受けるだろう。あるいは、暗澹たる気分になりながらも、自分が高齢になって脳梗塞などになった場合を想像し、現実から目をそらすのだろうか。

私は、動物実験の犠牲の下で人間が恩恵を受けてきた歴史がある以上、動物実験を頭から否定はしない。その上で、見るのは辛いけれども、実際にサルがどのような状況で飼われて、実験されているのか、少なくとも動物福祉が守られ、獣医学的ケアがしっかりなされているのか、事実を確認するのは記者の仕事だと思っている。

六月、動物の権利団体ＰＥＴＡ（本部米国）が米マサチューセッツ大アマースト校を相手にした訴訟の中で、実験サルの動画を入手したとしてインターネットに公開した。一〇分余りの動画では、サルが一匹ずつ狭い金属のケージに閉じ込められ、やることもなく、ぐるぐる回ったり、右に左に体を動かし続けたりなどの常同行動、毛を引き抜いたり、目の端を親指で押さえつけたりといった自傷行為を繰り返していた。サルがケージの扉をつかんで開けようと必死でガタガタ揺らしている姿、隣り合うケージ越しに二匹のサルが手を繋ぐ瞬間に胸が痛んだ。PETAは「あなたはこの動画を見て、大学が何を隠そうとしているか分かったでしょう。一九八五年に動物福祉法が改正されましたが、何の改善もないのです」などと告発している。

このケージはILAR(米国立アカデミーの実験動物のケアと使用指針)の基準に沿った一匹飼いのものだと思われる。サルの体の一回り大きい程度のサイズ。日本は一匹飼いがほとんどなので、サルは似たような状態、あるいは古いタイプのケージではさらに狭いのではないだろうか。想像してほしい。自分が同じようなケージに死ぬまで入れられたら? 排泄も同じ場所で垂れ流しである。間違いなく精神に異常をきたすだろう。これを外部の人間に見せたくない、という研究者の本音は分かる。動物実験は本質的に非倫理的なものだから。

注1　サルの残酷な実験内容が報道で明るみになったのは、一九八六年一一月一四日付の朝日新聞で、一八頭の生きているサルの頭の衝突実験が、筑波の自動車研究所と東京大、慈恵医科大の共同研究によって七年間も行われてきたと報じた。NPO法人地球生物会議(ALIVE)創設者の故野上ふさ子代表の「新・動物実験を考える」(三一書房)では「論文によると、この実験ではニホンザル七頭、アカゲザル一一頭の計一八

頭を人間が椅子に座るように上半身を直立させて固定し、サルの前頭部と後頭部にハンマー状の装置を激しくぶつけています。衝撃回数は計七四回に上り、一八頭中四頭が頭蓋骨骨折を起こし、三頭が死亡。一四頭に骨折はなかったが、うち五頭が死に、生き残ったサルも殺され解剖されています」などとある。

同じ八六年には、フランスの女性研究者が京都大霊長類研究所を訪れ、サルの実験を目撃し、国際霊長類保護連盟（ＩＰＰＬ）に手紙を送った。ＩＰＰＬの同年の機関紙には、霊長研の神経生理の実験について、「サルは地下のお墓のように暗い部屋に入れられていた。二～三匹は小さな金属の檻に入れられ、その他は拘束イスに座らされていた。サルの多くは何年も拘束イスに付けられたままで、多くのサルの首や尻の周りに潰瘍ができていた」（「新・動物実験を考える」より）などと記されていた。

注2　Ｂウイルスは、カニクイザル、アカゲザルなどマカク属サルにかまれたり、引っかかれたり、だ液、尿などに直接触れたりすることで感染する。国立感染症研究所（東京都）によると、早期症状は「外傷部位の水泡あるいは潰瘍、接触部の激痛」、中期症状は「発熱、結膜炎」、晩期症状は「嘔吐、意識障害、脳炎、中枢神経症状」などが表れる。咬傷後、一般的に二～五週以内に症状が出るが、感染から一〇年後に発症する場合もあるという。今まで世界で約五〇例が確認されている。日本では二〇一九年一一月と一二月、医薬品開発受託・研究会社「新日本科学」（第四章「痛みは軽減されているのか」参照）の鹿児島市内の実験動物施設で実験補助をしていた元技術員二人がＢウイルスに感染していたと市が発表、国内で初めて人への感染が確認された。

主要参考文献

公益社団法人日本実験動物学会監訳『実験動物の管理と使用に関する指針　第8版』（アドスリー）
久原孝俊、久原美智子翻訳『動物実験委員会ガイドブック』（アドスリー）
笠井憲雪訳『人道的な実験技術の原理』（アドスリー）
森岡恭彦著『医学の近代史』（NHKブックス）
茨木保著『まんが医学の歴史』（医学書院）
梶田昭著『医学の歴史』（講談社）
ウィリアム・バイナム著、鈴木晃仁・鈴木実佳共訳『医学の歴史』（丸善出版）
スティーブ・パーカー著、千葉喜久枝訳『医療の歴史』（創元社）
H・F・ハーロー、C・メアーズ著、梶田正巳・酒井亮爾・中野靖彦訳『ヒューマン・モデル』（黎明書房）
デボラ・ブラム著、寺西のぶ子訳『なぜサルを殺すのか』（白揚社）
デヴィッド・ドゥグラツィア著、戸田清訳・解説『動物の権利』（岩波書店）
ピーター・シンガー著、戸田清訳『動物の解放』（人文書院）

八神健一著『ノックアウトマウスの一生』（技術評論社）
Richard D. Ryder「Victims of Science」（National Anti-Vivisection Society Limited）
Anita Guerrini「Experimenting with Humans and Animals」（The Johns Hopkins University Press）
Deborah Rudacille「the Scalpel and the Butterfly」（University of California Press）
Lori Williamson「Power and Protest Frances Power Cobbe and Victorian Society」（Rivers Oram Press）
太田京子著『ありがとう実験動物たち』（岩崎書店）
打越綾子著『日本の動物政策』（ナカニシヤ出版）
青木人志著『日本の動物法　第2版』（東京大学出版会）
井上太一訳『動物と戦争』（新評論）
島薗進著『いのちを〝つくって〟もいいですか？』（ＮＨＫ出版）
石井哲也著『ゲノム編集を問う』（岩波新書）
浅川千尋・有馬めぐむ著『動物保護入門』（世界思想社）
マイケル・A・スラッシャー著、井上太一訳『動物実験の闇』（合同出版）
情報誌「ＬＡＢＩＯ21」（日本実験動物協会、二〇一五年一〇月）「オピニオン・実験動物における痛み」（久原孝俊）
情報誌「ＬＡＢＩＯ21」（同）「トピックス・ＡＲＲＩＶＥガイドライン——動物実験の再現性向上のために——」（久原孝俊、久和茂）

あとがき

かつて動物実験をしていたある人は「動物実験は嫌なものですよ。実験をしなくなって何年経っても、未だに夢に実験犬が出てくるんです」と私に語った。保健所の払い下げ犬を使っていた時代に実験していた研究者は「えさを与えてなつかせ、しっぽをふりふりして自分に寄ってきた時に、がっと捕まえて実験に使った」「ラットでキャッチボールするなど動物を物扱いしていた」「私が死んであの世に行ったら、猿の惑星ならぬネズミの惑星で拷問を受けるだろう」と打ち明けた。

動物実験のデータは必ずしも人に当てはまらない。動物実験、臨床試験を経て新薬として世に出ていくのは数%程度とされている。ある医学系の若手研究者は「意味のない動物実験が多すぎるとは感じる。論文が国際的な科学誌で評価されて出世することが一番大切とされ、動物実験ありきなので、やらないと大学から追い出されてしまう」と打ち明ける。

私は愛猫に触れているときにふと、実験動物の痛みを想像してしまう。そして業界や政治家、行政の現実から目をそらす無責任な姿勢や言動に怒りがふつふつと沸くこともある。

同時に自分自身も実験動物の受益者、加害者であることを否応なしに感じるようになった。自宅では有機野菜や減農薬の食品、石けん由来の洗剤、動物実験をしていない化粧品を購入している。一方で、完全に化学物質を排除する生活は不可能だ。化学調味料は使うし、添加物入りの加工食品を食べ外食もする。合成洗剤も少し使っている。咳ぜんそくで吸入薬を常用し、皮膚の乾燥を防ぐ塗り薬も使っている。人工の歯を埋め込むインプラント治療や不妊治療もした。私が動物実験について批判する資格はないとも思う。

一方で、代替法は安全性試験の分野では研究が進んでいるとは言え、確立されているものはわずかであり、道半ばである。さらに創薬、新たな治療法など研究、開発は動物実験がベースになっているのが現実だ。動物実験が避けられないのであれば、せめて実験動物に不必要な苦しみを与えるべきではないと思う。関係者からは「実験結果に影響を与えない範囲で治療をするべきだ」と指摘する声がある。例えば、下半身を麻痺させる手術を犬に施すことがあるが、犬が寝たきりになると、皮膚や筋肉の血の流れが悪くなり組織が壊死する褥瘡《じょくそう》ができることがある。「実験の目的は下半身麻痺であって褥瘡を作ることではありません。体の位置を変えてあげたり、栄養管理をきちんとしてあげたりすれば、褥瘡を防ぐことができます」（関係者）という。そして、国も企業も研究者も本気で代替法の研究開発に挑み、無駄な実験を減らし、環境エンリッチメントや苦痛軽減を実践するべきである。

登録制、許可制を敷いている欧米が日本より規制が厳しいのは間違いない。しかしその海外でさえ、民間団体が暴露するニュースや動画、実験施設で働いていた人による告白本などを読んだりすると、施設内部では結構いい加減で、残酷な実態があり、「動物実験の本質は虐待、拷問だなあ」と感じる。

動物実験に関わりない人間は皆無である。実験動物の加害者である私たちにできることは何か。それは問題意識を持つことではないだろうか。「科学医学の発展のため、人間のため」という誰も反対できないスローガンの前に思考停止していないか。代替法がなく必要な動物実験もあるだろうが、その一方で金儲けのため、出世と名誉のために無茶なこと、無駄なことをやっている面があるのではないか、あるいは漫然と前例踏襲でやっていないか。市民が納税者、消費者として、行政や研究施設、企業がすることを注視し、動物実験を監視し、実態の改善、不正が起きない仕組み作り、規制強化を求めていく。外部の目が入らない施設内で何か起こっていても、動物は声を上げられないのだから。

現状や課題を知るために動物実験を監視する市民団体の情報をチェックしたり、集会に参加したり、国の審議会や学会などを傍聴することもできる。そうした時間的余裕がない人は、真摯に取り組む団体に寄付して支える方法もある。

時代は少しずつ変わりつつある。二〇一九年一月、希望を感じる出来事があった。東京大、名古屋大、東北大などの工学系研究者、医師、企業の研究者が共同で研究した、内閣府支援の開発プログラム（一六〜一九年度）の成果発表で、センサー内蔵の精巧な人体の手術モデル「バイオニックヒューマノイド」が披露された。カテーテル挿入、脳外科・眼科手術などの練習ができる高性能のヒト型模型やロボットで、一部は既に実用化が進みつつある。プロジェクトをまとめる原田香奈子東京大准教授（バイオエンジニアリング）は「手術の練習台になる実験動物、患者ら人への負担をなくすことができます」と誇らしげに語った。私は彼女ら若手研究者の活躍に未来を感じた。

最後に取材に応じてくださった方、出版を実現するために支えてくださった方、すべての方に感謝します。できることは何でも取材したつもりですが、この本の内容は、実態のほんの一部に過ぎません。力量不足の点を自覚しつつ、動物実験の闇に少しでも光を当てることができれば幸いです。

増補改訂版あとがき

リラ、チョコ、クルミ……。三匹の愛娘（猫）は今日もそれぞれ、私の膝やお腹の上ですやすや眠ったり、「なでて〜」と走り寄ってきたり、じっと私を見つめていたり、愛くるしい姿を見せています。温かい毛むくじゃらの体に耳を寄せてゴロゴロ、トクトクトクという喉や心臓の音を聞くたびに、動物が感受性豊かで、痛みを感じる生き物であることを肌で感じます。

届け出制すらなく、外部の目が届かない動物実験の現場は闇に包まれ、関連業界は「社会問題になっていないから」と開き直り、法規制は一ミリも進んでいません。膠着した現実を前に、正直私は気持ちが沈むことも多いです。

新型コロナウイルスのワクチン開発は必要ですが、その裏で多くのマウス、サルなどが毎日世界中で実験台になっていることを想像します。何千億円、何兆円という売上高を持つ製薬企業は、その巨大な利益の中からどのくらい動物の苦しみを取り除くためにお金が使っているのかな、と思うこともあります。

一方で光を感じる話もあります。人工知能（ＡＩ）を使った化学物質の安全性評価技術の開発研究をしている経済産業省プロジェクトチームが、国内の動物実験の数を約一〇年後には九割減らせると試算しています。これは第六章「進化する代替法」でも紹介したＡＩの毒性予測モデル作成を目標にした研究（二〇一七〜二一年度）で、東京大、産業技術総合研究所などが参加。工業製品などに含まれる化学物質に、人体が連続してさらされた場合の全身への影響を評価する「反復投与毒性試験」に代わるものとして肝臓毒性をみるモデルを試作中です。

経産省によると、二〇年度中に腎臓と血液にも着手し、将来全身をみるモデルができれば、事業終了から一〇年後の三一年度には、動物実験を一七年度比で九割減らすことができる。動物実験による安全性試験のコストを国内全体で年間一〇〇億円以上削減することも可能になるといいます。実験動物の飼育に要する電気使用量が減り、二酸化炭素排出の削減にもつながります。

化学物質の安全性試験がＡＩでできるようになれば、数多くの動物の犠牲を減らすことになるでしょう。また食品メーカーの動物実験については、私の取材時は回答しなかった日清食品グループを含め、キユーピーなど大手が一九年のＪＡＶＡ（動物実験の廃止を求める会）の問い合わせに対して廃止を明言しており、時代は変化しつつあります。

新薬を作る過程でも、人の情報を基にしたＡＩの開発が進んでいます。厚生労働省、文部科学省、内閣府によるプログラム「ＰＲＩＳＭ」の一つである新薬開発のＡＩプロジェクト（一八年度開始）には、医薬基盤・健康・栄養研究所（大阪府茨木市）、国立がん研究センター（東京都中央区）など一七の研究機関が参加。今世界的に、「フェーズ２」と呼ばれる少数の患者を対象にした臨床試験の段階で、薬が開発中止になる理由の五〜七割が「薬効が実証されなかった」という結果が出ており、動物実験頼りの創薬の限界が見えています。プロジェクトでは、肺がんと間接性肺炎の一種である特発性肺繊維症を対象に患者情報を集約したデータベース構築と、これを利用してさまざまな解析を行うＡＩの開発が進行中です。肺がんを担当する国立がん研究センター研究所の浜本隆二がん分子修飾制御学分野長は「既に解析した治療例は約一六〇〇に上り、米国のがんデータベース「ＴＣＧＡ」を上回る、世界最大規模になる見込みです」と話しています。

実験動物は、遺伝情報を自由に改変できるゲノム編集技術などによって、統合失調症、筋ジストロフィー、パーキンソン病などに似た症状など、生まれながらに障害や重い病気を負わされます。がんを植え付けられたり、骨を壊されたり、肝臓や心臓を移植させられたり、毒物を強制投与させられたりすることもあります。サルの受精卵に人固有の遺伝子を入れて妊娠させる実験も行われています。

動物実験とは、故意に動物を傷つける非倫理的な行為です。動物は実験の道具ではありません。喜び、幸せ、痛み、怒りを感じ、愛情を注いで子どもを育てる生き物です。オランダの哲学者エヴァ・メイヤーは著書「言葉を使う動物たち」で、「言葉で物事を考える私たちは、人間だけが優れた特別な存在だと思い込んでいるが、動物は音、匂い、動作など複雑で優れた『言葉』を持つ」と述べ、米国の作家ジョナサン・サフラン・フォアの著書「イーティング・アニマル」には「動物にも行動的、心理的、感情的な欲求があることが近年ますます明らかになっています」とあります。実験する者が「動物実験は人間社会に必要不可欠である」と主張するのであれば、行政による法規制を受け入れ、情報公開に積極的になるべきだと思います。

そして動物実験に関する話題がもっと日常的にメディアに取り上げられ、一般の人々が関心を持つようになることが、変革への一歩となります。動物実験を必要としない未来を目指す社会になることを願っています。

最後に取材に応じてくださった全ての皆さま、本当にありがとうございました。増補改訂版の出版を実現してくださった同時代社の川上隆社長にも心より感謝いたします。

森映子

二〇二〇年九月

著者略歴

森 映子（もり・えいこ）

1966年京都市生まれ。上智大学卒業。91年時事通信社入社。英文部、社会部、名古屋支社などを経て、98年から文化特信部の記者として、ジェンダー、エシカル消費、環境問題、動物福祉などの取材を続けている。

共編著に『マスコミ・セクハラ白書』（文藝春秋）

増補改訂版

犬が殺される——動物実験の闇を探る

2020年10月8日　初版第1刷発行

著　者　森　映子
発行者　川上　隆
発行所　株式会社同時代社
〒101-0065　東京都千代田区西神田2-7-6
電話　03(3261)3149　FAX　03(3261)3237
装丁　クリエイティブ・コンセプト
組版　いりす
印刷　中央精版印刷株式会社

ISBN978-4-88683-885-8